中文版

SketchUp Pro 2019

李智君 编著

完全实战技术手册

清华大学出版社

北京

内 容 简 介

在BIM建筑信息模型设计流程中，设计师通常使用SketchUp进行复杂的建模，并将其导入BIM的另一款软件中进行模型修改及图纸设计，这样可以使建筑设计师更轻松地完成各项复杂的设计工作。

本书共12章，按照从BIM建模流程设计到行业应用，由BIM建模知识到项目方案及表现案例的顺序进行编写，详细介绍了使用SketchUp Pro 2019进行室内、建筑、园林景观设计的方法和技巧。

本书以软件技能+方案实践+效果表现的方式，将SketchUp和SUAPP等插件基于BIM建筑信息模型设计的学习方法全部奉献给读者。

书中精心安排了几十个典型的实例，可以帮助读者轻松掌握软件的使用方法，完全可以胜任建筑外观设计、园林景观设计、室内装修设计等实际工作，并且能使读者通过这些应用实例体验真实的设计过程，从而提高工作效率。

本书结构清晰、内容翔实，可以作为高校建筑学、城市规划、环境艺术、园林景观等专业的教材，也可以作为建筑设计、园林设计、规划设计等行业从业人员的自学参考书。

图书在版编目（CIP）数据

中文版SketchUp Pro 2019完全实战技术手册 / 李智君编著. -- 北京：清华大学出版社，2020.7
ISBN 978-7-302-55606-0

Ⅰ.①中… Ⅱ.①李… Ⅲ.①建筑设计－计算机辅助设计－应用软件－技术手册 Ⅳ.①TU201.4-62

中国版本图书馆CIP数据核字(2020)第089361号

责任编辑：陈绿春
封面设计：潘国文
责任校对：胡伟民
责任印制：沈　露

出版发行：清华大学出版社
　　　　　网址：http://www.tup.com.cn，http://www.wqbook.com
　　　　　地址：北京清华大学学研大厦A座　　　　　邮编：100084
　　　　　社总机：010-62770175　　　　　邮购：010-83470235
　　　　　投稿与读者服务：010-62776969，c-service@tup.tsinghua.edu.cn
　　　　　质量反馈：010-62772015，zhiliang@tup.tsinghua.edu.cn
印　装　者：三河市龙大印装有限公司
经　　　销：全国新华书店
开　　　本：188mm×260mm　　　印　　张：18.5　　　字　　数：598 千字
版　　　次：2020年9月第1版　　　印　　次：2020年9月第1次印刷
定　　　价：99.00 元

产品编号：082764-01

SketchUp 是直接面向设计过程而开发的三维绘图软件，并且有一个响亮的中文名字——设计大师。它可以快速、方便地对三维创意场景进行创建、观察和修改。传统铅笔草图的优雅和自如，现代数字科技的速度与弹性，通过 SketchUp 得到了完美结合，它可以算得上是电子设计中的"铅笔"。

目前在实际的工作中，多数设计师无法直接在计算机中进行构思并及时与业主交流，只好以手绘草图的形式实现，原因很简单：几乎所有软件的建模速度都跟不上设计师的思路。SketchUp 的诞生解决了这一难题，SketchUp 是一款适合于设计师使用的软件，它操作简单，可以让用户专注于设计本身，它能让设计师的设计工作事半功倍，把设计师的设计构思和表达完美地结合起来。

内容和特点

本书主要针对 SketchUp Pro 2019 软件进行讲解，图文并茂，注重基础知识，去繁就简，贴近工程实际，把建筑设计、园林景观和室内设计等专业基础知识和软件操作技巧有机地融合到各个章节中。

本书共分为 13 章，按照从软件基础建模到行业应用，由基本知识到实战案例的顺序进行编写。书中包含大量实例，供读者巩固练习之用，各章主要内容介绍如下。

第 1 章：介绍 SketchUp 的行业设计应用及工作界面等。

第 2 章：介绍 SketchUp 的文件与数据管理、模型信息与系统设置、视图操控、对象的选择及图层等知识。

第 3 章：介绍 SketchUp 设置模型显示样式、建筑施工工具、创建与操控视图、模型剖切等。

第 4 章：学习 SketchUp 模型创建与编辑，包括形状绘图、利用编辑工具建立基本模型、组件与群组、布尔运算等。

第 5 章：介绍 SketchUp 中常见的建筑单体、园林水景、园林景观设施构件等的设计方法，并以真实的设计图来表现模型在日常工作中的应用。

第 6 章：学习如何利用 SketchUp 的插件库管理器——SUAPP 进行建筑造型和基于 BIM 的办公室建筑结构设计。SketchUp 只是一个基本建模工具，要想完成各种复杂的建模工作，还需要大量使用插件程序来辅助完成各种设计工作。

第 7 章：介绍 SketchUp 在景观地形场景中的设计应用。

第 8 章：场景是针对渲染而言的。场景就是包含了模型对象、环境配置、阴影效果、材质与贴图、光照及灯光效果等的渲染环境。本章介绍场景中的阴影设置、场景的创建、场景样式及场景雾化效果等内容。

第 9 章：介绍 SketchUp 材质与贴图在建筑模型中的应用。材质组成大致包括颜色、纹理、贴图、漫反射与光泽度、反射与折射、透明与半透明、自发光等。材质在 SketchUp 中应用广泛，它可以为一个普通的模型添加上丰富的材质，使模型展现得更生动。

第 10 章：介绍渲染的基础知识，这里主要介绍 V-Ray for SketchUp 渲染器。

第 11 章：V-Ray 渲染器能与 SketchUp 完美结合，渲染出高质量的图片效果。本章通过几个典型的渲染案例，详细描述渲染器的渲染操作流程和图像渲染技术。

第 12 章：介绍 Lumion 建筑 3D 可视化，包括软件简介、软件的功能选项卡等。

第 13 章：通过建筑设计综合案例详解 SketchUp 建模流程与效果表现方法。

读者对象

本书可以作为各高校建筑学、城市规划、环境艺术、园林景观等专业的教材，也可以作为建筑设计、园林设计、规划设计等行业从业人员的自学参考书。

素材下载

本书的源文件、结果文件和视频教学文件请扫描下面的二维码进行下载，如果在下载过程中碰到问题，请联系陈老师，联系邮箱 chenlch@tup.tsinghua.edu.cn。

源文件　　　　　　　　结果文件　　　　　　　视频教学

作者信息

本书由桂林电子科技大学信息科技学院的李智君编著。感谢你选择了本书，希望本书对你的工作和学习有所帮助。由于作者水平有限，加之时间仓促，书中不足之处在所难免，恳请各位朋友和专家批评指正！

作者

2020 年 6 月

目录

第 1 章　SketchUp Pro 2019 设计概述

1.1 建筑 BIM 与 SketchUp 的关系 1
    1.1.1　SketchUp Pro 2019 的特点 2
    1.1.2　SketchUp 的历史版本 5
    1.1.3　SketchUp 在 BIM 建筑设计中的作用 6

1.2 基于 BIM 的 SketchUp 行业设计应用 8
    1.2.1　建筑设计 8
    1.2.2　城市规划 8
    1.2.3　室内设计 9
    1.2.4　景观设计 9
    1.2.5　园林设计 9

1.3 认识 SketchUp 工作界面 10
    1.3.1　启动主界面 10
    1.3.2　主界面 11
    1.3.3　菜单栏 11

1.4 入门案例——园林景观亭设计 14

第 2 章　踏出 SketchUp 的第一步

2.1 文件与数据的管理 19
    2.1.1　模板的选择 19
    2.1.2　文件的打开 / 保存与导入 / 导出 20
    2.1.3　获取与共享模型 20

2.2 模型信息与系统设置 22
    2.2.1　模型信息设置 22
    2.2.2　系统设置 24

2.3 视图的操控 26
    2.3.1　切换视图 26
    2.3.2　环绕观察 27
    2.3.3　平移和缩放 27
    2.3.4　视图工具的应用 28

2.4 对象的选择方法 29
    2.4.1　一般选择 29
    2.4.2　窗选与窗交 30

2.5 图层的功能及应用 32
    2.5.1　图层的特点 32
    2.5.2　图层的使用技巧 32
    2.5.3　【图层】面板 33

第 3 章　踏出 SketchUp 的第二步

3.1 设置模型显示样式 34

3.2 启用物体阴影 35

3.3 建筑施工工具 37
    3.3.1　【卷尺】工具 37
    3.3.2　【尺寸】工具 38
    3.3.3　【量角器】工具 40
    3.3.4　【文字】工具 41
    3.3.5　【轴】工具 43
    3.3.6　【三维文字】工具 44

3.4 创建与操控视图 45
    3.4.1　【环绕观察】工具（鼠标中键） 46
    3.4.2　【平移】工具（Shift 键 + 中键） 46
    3.4.3　【缩放】工具（滚动鼠标滚轮） 46
    3.4.4　【上一视图】工具 47
    3.4.5　【充满视窗】工具 47
    3.4.6　【定位相机】工具 48
    3.4.7　【绕轴旋转】工具 48
    3.4.8　【漫游】工具 49

3.5 模型剖切 49

3.6 图元对象的删除与擦除 51
    3.6.1　对象的删除 51
    3.6.2　擦除工具 52

第 4 章　模型创建与编辑

4.1 形状绘图 54
4.1.1 【直线】工具 54
4.1.2 【手绘线】工具 56
4.1.3 矩形工具 56
4.1.4 【圆】工具 57
4.1.5 【多边形】工具 58
4.1.6 绘制圆弧 58

4.2 利用编辑工具建立基本模型 60
4.2.1 【移动】工具 60
4.2.2 【推 / 拉】工具 61
4.2.3 【旋转】工具 63
4.2.4 【路径跟随】工具 64
4.2.5 【缩放】工具 66
4.2.6 【偏移】工具 66

4.3 组件与群组 68
4.3.1 创建组件 68
4.3.2 创建群组 70
4.3.3 组件、群组的编辑方法 70

4.4 布尔运算 71
4.4.1 【实体外壳】工具 72
4.4.2 【相交】工具 72
4.4.3 【联合】工具 72
4.4.4 【减去】工具 73
4.4.5 【剪辑】工具 73
4.4.6 【拆分】工具 73

4.5 照片匹配建模 76

4.6 模型的柔化边线处理 77

4.7 建模综合案例 78

第 5 章　建筑小品构件设计

5.1 建筑单体构件设计 82

5.2 园林水景构件设计 87

5.3 园林植物造景构件设计 91

5.4 园林景观设施构件设计 97

5.5 园林景观提示牌构件设计 101

第 6 章　利用 SUAPP 插件进行造型

6.1 SketchUp 扩展插件简介 105
6.1.1 到扩展插件商店下载插件 106
6.1.2 SUAPP 插件库 107

6.2 "云在亭"建筑造型设计案例 110
6.2.1 导入参考图像 111
6.2.2 构件主体结构曲线 112
6.2.3 主体结构设计 118

6.3 基于 BIM 的办公楼建筑结构设计案例 ... 126
6.3.1 轴网设计 127
6.3.2 地下层基础与结构柱设计 129
6.3.3 一层结构设计 131
6.3.4 二、三层结构设计 132

第 7 章　景观地形设计

7.1 地形在景观中的应用 134
7.1.1 景观结构作用 135
7.1.2 美学造景 135
7.1.3 工程辅助作用 136

7.2 沙箱工具 136
7.2.1 等高线创建工具 136
7.2.2 根据网格创建工具 137
7.2.3 曲面起伏工具 137
7.2.4 曲面平整工具 138
7.2.5 曲面投射工具 139
7.2.6 添加细部工具 139
7.2.7 对调角线工具 140

7.3 地形创建综合案例 140

第 8 章　场景应用及设置

8.1 设置阴影 146

8.2 创建场景 149

8.3 场景中的样式 152

8.4 场景雾化效果 156

第 9 章　材质与贴图的应用

9.1　使用材质 159

9.2　材质贴图 162
9.2.1　固定图钉 162
9.2.2　自由图钉 163
9.2.3　贴图技法 163

9.3　材质与贴图应用案例 168

第 10 章　V-Ray 渲染基础

10.1　V-Ray for SketchUp 渲染器简介 176
10.1.1　V-Ray 简介 176
10.1.2　V-Ray for SketchUp 工具栏 177

10.2　V-Ray 光源 179
10.2.1　光源的布置要求 179
10.2.2　设置 V-Ray 环境光源 179
10.2.3　布置 V-Ray 主要光源 181

10.3　V-Ray 材质与贴图 185
10.3.1　材质的应用 185
10.3.2　V-Ray 材质的赋予 188
10.3.3　材质编辑器 190
10.3.4　【VRayBRDF】设置 191
10.3.5　【材质选项】设置 196
10.3.6　【贴图】设置 197

10.4　V-Ray 渲染器设置 198
10.4.1　【渲染设置】卷展栏 198
10.4.2　【相机设置】卷展栏 199
10.4.3　【光线跟踪】卷展栏 202
10.4.4　【全局照明】卷展栏 204
10.4.5　【焦散】卷展栏 206
10.4.6　【渲染元素】卷展栏 206

第 11 章　V-Ray 场景渲染案例

11.1　展览馆中庭空间渲染案例 208
11.1.1　创建场景与添加组件 209
11.1.2　布光与渲染 212

11.2　厨房渲染案例 216

11.2.1　创建场景和布光 216
11.2.2　渲染及效果图处理 221

11.3　材质应用技巧案例 223
11.3.1　创建场景 223
11.3.2　渲染初设置 224
11.3.3　将 V-Ray 材质赋予"茶杯视图"场景
　　　　中的对象 225
11.3.4　将 V-Ray 材质赋予"主要视图"场景
　　　　中的对象 229
11.3.5　渲染 233

11.4　室内布光技巧案例 234
11.4.1　白天布光 235
11.4.2　黄昏时的布光 238

第 12 章　Lumion 建筑 3D 可视化

12.1　Lumion 软件简介 242
12.1.1　Lumion 8.5 软件下载与试用 242
12.1.2　Lumion 8.5 软件界面 245

12.2　Lumion 的功能选项卡 247
12.2.1　【物体】选项卡 247
12.2.2　【材质】选项卡 248
12.2.3　【景观】选项卡与【天气】选项卡 249

12.3　Lumion 建筑可视化案例——别墅
　　　　可视化 249
12.3.1　基本场景创建 250
12.3.2　创建地形并渲染场景 252

第 13 章　建筑设计综合案例

13.1　二居室室内装饰设计案例 254
13.1.1　方案实施 255
13.1.2　建模流程 257
13.1.3　添加场景 264

13.2　别墅建筑设计案例 264
13.2.1　整理 AutoCAD 图纸 265
13.2.2　房屋建模设计流程 269
13.2.3　赋予建筑材质 283

本章主要介绍 SketchUp Pro（以下简称 SketchUp）2019 软件的基础知识、环境艺术概述以及环艺设计，带领大家快速进入 SketchUp 的世界。

知识要点

✦ 建筑 BIM 与 SketchUp 的关系
✦ 基于 BIM 的 SketchUp 行业设计应用
✦ 认识 SketchUp 2019 工作界面

1.1 建筑 BIM 与 SketchUp 的关系

SketchUp 最初是由 @Last Software 公司开发而成的，后来该公司被 Google 公司收购，所以 SketchUp 又被称为 Google SketchUp。SketchUp 是一套直接面向设计方案创作过程的设计工具，其创作过程不仅能够充分表达设计师的思想，而且能满足设计师与客户即时交流的需要，可以使设计师直接在计算机上进行十分直观的构思，是三维建筑设计方案创作的优秀工具。SketchUp 是一款极受欢迎并且易于使用的 3D 设计软件，官方网站将它比喻为电子设计中的"铅笔"。

SketchUp 的开发公司 @Last Software 成立于 2000 年，规模虽小却以 SketchUp 闻名。Google 收购 SketchUp 是为了增强 Google Earth 的功能，让使用者可以利用 SketchUp 建造 3D 模型并放入 Google Earth 中，使 Google Earth 呈现的地图更具立体感、更接近真实世界。使用者更可以通过一个名叫 Google 3D Warehouse 的网站寻找与分享各式各样的利用 SketchUp 建造的 3D 模型。SketchUp 在 Google 经过多次更新，用户呈指数增长，涉足领域众多，从广告到社交网络，让更多人知道了 SketchUp。

目前 Google 已将 SketchUp 出售给 TrimbleNavigation 了。今天给大家分享的为目前最新的 SketchUp 2019 中文版，全新版本提高了大模型的显示速度（LayOut 中的矢量渲染速度提升了 10 倍多），并有更真实的阴影效果。

如图 1-1 所示为 SketchUp 2019 建立的大型 3D 建筑模型。

图 1-1

如图 1-2 所示为 SketchUp 2019 渲染的建筑室内设计模型。

图 1-2

1.1.1 SketchUp 2019 的特点

SketchUp 2019 具有以下特点。

1. 一如既往的简洁操作界面

SketchUp 2019 的界面一如既往地沿袭了 SketchUp 的简洁界面，所有功能都可以通过界面菜单与工具按钮在操作界面内完成。对于初学者来说，可以很快上手；对于成熟的设计师来说，不用再受软件复杂的操作所束缚，而专心于设计。如图 1-3 所示为 "欢迎使用 SketchUp" 界面；如图 1-4 所示为操作界面。

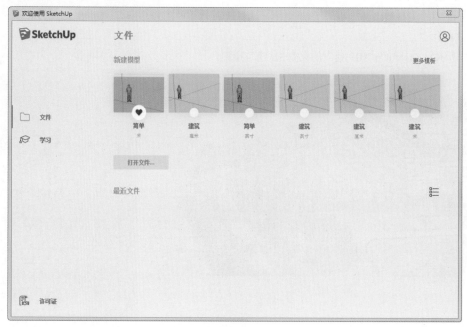

图 1-3

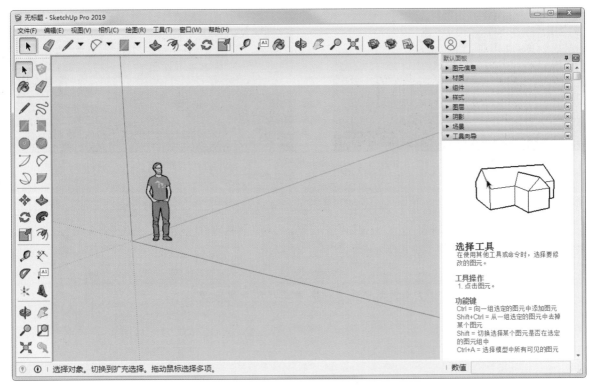

图 1-4

2. 直观的显示效果

在使用 SketchUp 进行设计创作时，可以实现"所见即所得"的操作流程，即在设计过程的任何阶段都可以以三维成品的方式展示在眼前，并能以不同的样式显示。因此，设计师在进行项目创作时，可以与客户直接交流。如图 1-5 和图 1-6 所示为模型显示的不同样式。

图 1-6

3. 全面的软件支持与互换

SketchUp 不仅能在模型建立上满足建筑制图的高精度要求，还能完美地结合 V-Ray 和 Artlantis 渲染器，渲染出高质量的效果图。该软件可以与 AutoCAD、Revit、3ds Max、Piranesi 等软件结合使用，快速导入和导出 DWG、DXF、JPG、3DS 格式文件，实现方案构思、效果图与施工图绘制的完美结合。如图 1-7 所示为 V-Ray 渲染效果；如图 1-8 所示为 Piranesi 彩绘效果。

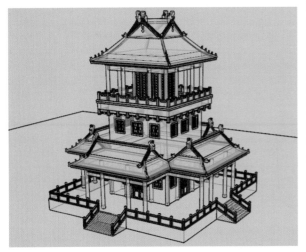

图 1-5

图 1-7

图 1-8

4. 强大的推拉功能

    强大的推拉功能能让设计师将一个二维平面图形快速、方便地转换为 3D 几何体,无须进行复杂的三维建模。如图 1-9 所示为二维图形;如图 1-10 所示为三维模型。

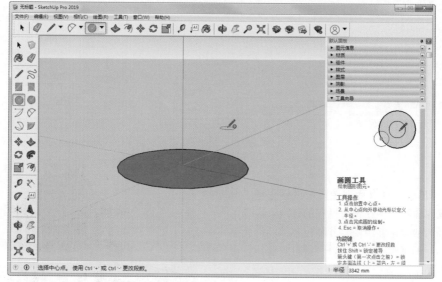

图 1-9

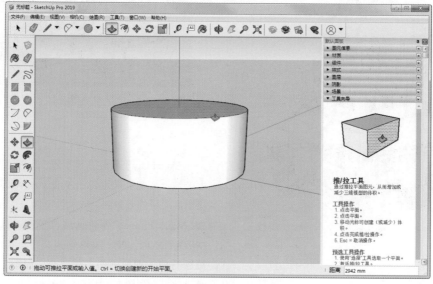

图 1-10

5. 自主的二次开发功能

SketchUp 可以通过 Ruby 语言自主开发一些插件，全面提升了 SketchUp 的使用效率。如图 1-11 所示为 1001 建筑工具集 -v2.2.1 插件；如图 1-12 所示为 Subdivide and Smoot 插件。

图 1-11

图 1-12

如图 1-13 所示为国内设计师使用最广泛的 SUAPP Pro 3.4（64bit）插件，其中包括所有基于 BIM 的建筑、室内设计等组件。

图 1-13

SketchUp 软件版本的更新速度很快，真正进入中国市场的版本是 SketchUp 3.0。每个版本的 SketchUp 初始界面都会有一定变化，以下列出了 SketchUp Pro 6.0、SketchUp Pro 7.0、SketchUp Pro 8.0、SketchUp Pro 2016、SketchUp Pro 2018、SketchUp Pro 2019 的初始界面，如图 1-14~ 图 1-19 所示。

图 1-14

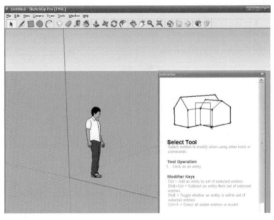

图 1-15

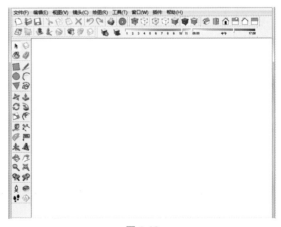

图 1-16

图 1-17

图 1-18

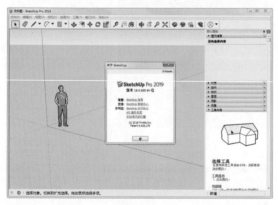

图 1-19

1.1.3 SketchUp 在 BIM 建筑设计中的作用

要想弄清楚 BIM 与 SketchUp 的关系，还要先弄明白 BIM 与项目生命周期。

1. 项目类型及 BIM 实施

从广义上讲，建筑环境产业可以分为两大项目：房地产项目和基础设施项目。

有一些业内说法也将这两个项目称为"建筑项目"

和"非建筑项目"。在目前可查阅到的大量文献及指南文件中显示，见诸于文件资料的 BIM 信息记录在今天已经取得了极大的进步，与基础设施产业相比，在建筑产业或者房地产业得到了更好的理解和应用。BIM 在基础设施或者非建设产业的采用水平滞后了几年，但这些项目也非常适应模型驱动的 BIM 过程。McGraw Hill 公司的一份名为"BIM 对基础设施的商业价值——利用协作和技术解决美国的基础设施问题"的报告中，将建筑项目上应用的 BIM 称为"立式 BIM"，将基础设施项目上应用的 BIM 称为"水平 BIM""土木工程 BIM（CIM）"或者"重型 BIM"。

许多组织可能既从事建筑项目也从事非建筑项目，关键的是要理解项目层面的 BIM 实施在这两种情况中的微妙差异。例如，在基础设施项目的初始阶段需要收集和理解的信息范围可能在很大程度上都与房地产开发项目相似。并且，基础设施项目的现有条件、邻近资产的限制、地形，以及监管要求等也可能与建筑项目极其相似。因此，在一个基础设施项目的初始阶段，地理信息系统（GIS）资料以及 BIM 的应用可能更加至关重要。

建筑项目与非建筑项目的项目团队结构以及生命周期各阶段可能也存在差异（在命名惯例和相关工作布置方面），项目层面的 BIM 实施始终与其"以模型为中心"的核心主题及信息、合作及团队整合的重要性保持一致。

2.BIM 与项目生命周期

实际经验已经充分表明，仅在项目的早期阶段应用 BIM 将会限制其发挥效力，不能提供企业寻求的投资回报。如图 1-20 所示是 BIM 在一个建筑项目的整个生命周期中的应用。重要的是，项目团队中负责交付各种类别、各种规模项目的专业人士应理解"从摇篮到摇篮"的项目周期各阶段的 BIM 过程。理解 BIM 在新建不动产或者保留的不动产之间的交叉应用也非常重要。

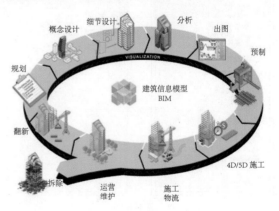

图 1-20

3.SketchUp 在建筑施工中的作用

SketchUp 软件作为众多 BIM 软件中的一款，被很多承包商应用到投标、施工交底等工作环节中，并逐渐展现出其巨大的应用价值。SketchUp 软件应用在建筑施工中有以下优势。

（1）与建筑专业软件有极好的兼容性。

SketchUp 软件的导入、导出功能使其具备了与 AutoCAD 等专业软件极好的兼容性，用户通过推拉命令能够快速将二维平面图纸转化为三维建筑模型，使抽象图形具象化。

（2）操作简单，对计算机要求较低。

与 Revit、3ds Max 等众多绘制三维建筑模型的软件相比，SketchUp 软件界面清晰、简洁，"推拉平面成体"的建模方式更加容易被用户掌握。SketchUp 另一大优势是对计算机配置要求相对较低，较高的运行速度能够给予用户愉悦的使用心情。

（3）拥有众多插件。

SketchUp 软件拥有众多插件，其中关于 CAD 封面的插件，可以轻松解决不规范 CAD 图纸成面的问题，大幅减少建立三维建筑模型所需的时间。

（4）虚拟施工，发现图纸问题。

SketchUp 软件的建模可以精确到建筑物的每一个构件，通过将二维建筑平面图转化为三维建筑模型，可以完成虚拟施工的各道工序，真正做到将大楼在图纸上"建造"起来。这种虚拟施工的好处在于，用户可以通过"预先施工"，更加熟悉施工图纸，同时可以提前发现一些设计中存在的问题。及时将这些问题反馈给设计院，更有利于工程的开展。

（5）增加方案对施工的指导作用。

在施工方案中插入 SketchUp 软件建立的三维模型，可以更直观地展现施工标准做法，增加方案对现场施工的指导作用。

（6）降低工程成本。

通过建立的三维模型，SketchUp 软件可以精确计算出防水工程、脚手架工程、模板工程、砌筑工程等众多分部分项工程的材料用量，使材料的采购有所依据，避免少量或超量采购，从而起到降低工程成本的作用。

4.SketchUp 在 BIM 项目生命周期中的使用

从图 1-20 中可以看出，整个项目生命周期中每一个阶段差不多都需要某一种软件手段辅助设施。

可以说，BIM 是一个项目的完整设计与实施理念，而 SketchUp 是其中应用最广泛的一种辅助工具。下面对如何通过 SketchUp 软件指导现场施工、降低工程成本进行详细阐述。

（1）将楼层 CAD 图纸导入 SketchUp 软件，通过推拉命令构建楼层的三维建筑模型，在模型中留出砌体墙的位置。

（2）根据方案所选砌砖规格，编辑相应规格的长方体（为方便建模，可在编辑"砌砖"时考虑灰缝厚度；若想计算砌筑时砂浆用量，可单独构建灰缝模型），将其转换为组件，按照砌砖规格为组件命名。根据图纸编辑预制梁、马牙槎、拉结筋等砌筑所需构件，按规格命名，并将其转化成组件。

（3）根据规范进行"砌筑"。"砌筑"时要特别注意门窗洞口、厨房卫生间墙底以及墙顶部等部位的特殊形式。砌筑完成后为每一面墙体编号，这样可以使砌筑工人迅速找到要施工墙体的砌筑模型。工人参照三维砌筑模型施工，可以使砌筑更加规范，墙体更加美观。通过这种"虚拟砌筑"，可以预先确定砌筑的最优组合，充分利用半砖砌筑，达到节省砌筑材料的效果。

通过使用 SketchUp 软件的实体信息功能，可以清楚地看到选定组件在整个砌筑模型中的个数，从而精确统计各种砌筑材料的用量。物资部门参考统计的数据编制材料采购计划，能够使材料采购更科学合理，避免超量采购，达到控制材料成本的作用。

现场单个结构层砌筑工作完成，物资部门将各类材料实际用量与模型中材料用量进行对比，能够计算出本层材料的耗损情况。记录材料耗损率，同时分析可能导致材料耗损的原因。针对分析结果制定相应解决措施，将制定的解决措施应用到下层砌筑过程中。在完成下层砌筑后，采用同样方式计算该层的材料耗损率，将其与上层耗损率对比，通过比较耗损率是否减少可以知道采取的解决措施是否有效。整个砌筑过程中循环采用该方法，不断调整解决措施，最终可以找到最优解决方案，做到材料耗损最小化、成本控制最大化。这种由不断实践总结出来的解决措施可行性很大，对企业其他项目有极高的参考价值，可谓一举多得。

1.2 基于 BIM 的 SketchUp 行业设计应用

SketchUp 是一款直面设计师，注重设计创作过程的软件，全球很多建筑工程企业都用它来进行创作。SketchUp 与环艺设计紧密联系，使原本单一的设计变得丰富多彩，能产生很多意想不到的设计效果，如在建筑设计、城市规划、室内设计、景观设计、园林设计中都体现了其设计的作用。

1.2.1 建筑设计

建筑设计，指在建筑物建造之前，设计者按照建造任务，把施工过程中存在的或可能存在的问题，事先进行设想，拟定好解决这些问题的办法、方案，用图纸和文件表达出来，并使建成的建筑物能充分满足使用者和社会大众所期望的各种要求。总之，建筑设计是一种需要有预见性的工作，要预见到可能发生的各种问题。

SketchUp 主要运用在建筑设计的方案阶段，在这个阶段需要建立一个大致模型，然后通过这个模型调整建筑体量、尺度、材质、空间等一些细节的构造。

如图 1-21 和图 1-22 所示为利用 SketchUp 建立的建筑模型。

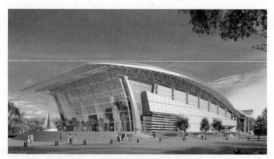

图 1-21

图 1-22

1.2.2 城市规划

城市规划，指研究城市的未来发展、城市的合理布局和综合安排城市各项工程建设的综合部署，是一定时期内城市发展的"蓝图"。SketchUp 可以设置特定的经纬度和时间，模拟出城市规划中的环境、场景配置，并赋予环境真实的日照效果。

如图 1-23 和图 1-24 所示为利用 SketchUp 建立的规划模型。

图 1-23

图 1-24

1.2.3　室内设计

室内设计，是指为满足一定的建造目的而进行的准备工作，对现有的建筑物内部空间进行深加工的增值准备工作，从而创造功能合理、舒适优美、满足人们物质和精神生活需要的室内环境。

SketchUp 在室内设计中的应用范围越来越广，能快速地制作出室内三维效果图，如室内场景、室内家具建模等。

如图 1-25 和图 1-26 所示为利用 SketchUp 建立的室内设计模型。

图 1-25

图 1-26

1.2.4　景观设计

景观设计是一门建立在广泛的自然科学和人文与艺术学科基础上的应用学科，主要是指对土地及土地上的空间和物体的设计，把人们向往的大自然表现出来。

SketchUp 在景观设计中，有构建地形高差方面的效果，而且有大量丰富的景观素材和材质库，在该领域应用最为普遍。

如图 1-27 和图 1-28 所示为利用 SketchUp 创建的景观模型。

图 1-27

图 1-28

1.2.5　园林设计

园林设计是一门研究如何应用艺术和技术手段处理自然、建筑和人们活动之间复杂关系，达到和谐完美、生态良好、景色如画之境界的一门学科。它包括的范围很广，如庭园、宅园、小游园、花园、公园以及城市街区等。其中公园设计内容比较全面，具有园林设计的典型性。

SketchUp 在园林设计中，起到非常有价值的作用，有大量丰富的组件提供给设计师，一定程度上提高了设计师的工作效率和成果质量。

如图 1-29 和图 1-30 所示为利用 SketchUp 创建的园林模型。

图 1-29

图 1-30

1.3 认识 SketchUp 工作界面

SketchUp 的操作界面简捷明了，即使不是专业设计人员也能轻松上手，是极受设计师欢迎的三维设计软件，在当今社会无论是大学校园、设计院、设计公司，80% 的人都在使用这款软件。

1.3.1 启动主界面

完成软件正版授权后，即可使用授权的 SketchUp 了，否则只能使用具有一定期限的试用版。

在获得授权许可的 SketchUp 的"欢迎使用 SketchUp"窗口中单击"建筑"模板（也可选择通用模板"简单"），如图 1-31 所示，即可进入 SketchUp 工作界面。

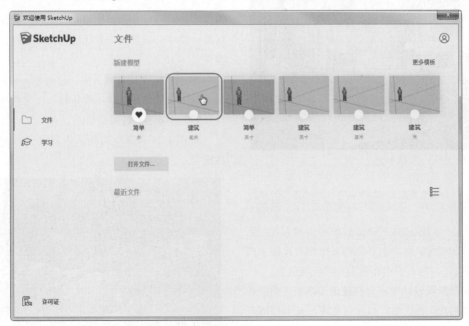

图 1-31

如图 1-32 所示为 SketchUp Pro 2019 操作主界面。

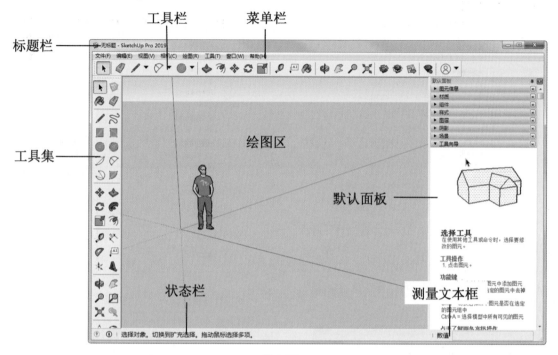

图 1-32

1.3.2　主界面

主界面主要是指绘图窗口，主要由标题栏、菜单栏、工具栏、绘图区、状态栏和测量文本框等组成。

✦ 标题栏：在绘图窗口的顶部，右侧是关闭、最小化、最大化按钮，左侧为"无标题 - SketchUp Pro 2019"字样，说明当前文件还没有进行保存。

✦ 菜单栏：在标题栏的下面，默认菜单包括文件、编辑、视图、相机、绘图、工具、窗口和帮助菜单。

✦ 工具栏：在菜单栏的下面，左侧是标准工具栏，包括新建、打开、保存、剪切等，右侧属于自选工具，可以根据需要自由设置。

✦ 绘图区：创建模型的区域，绘图区的 3D 空间通过绘图轴标识，绘图轴是 3 条互相垂直且带有颜色的直线组成的。

✦ 状态栏：位于绘图区左下角，左侧是命令提示和 SketchUp 的状态信息，这些信息会随着绘制对象的不同而改变，主要是对命令的描述。

✦ 测量文本框：位于绘图区右下角，测量文本框可以显示绘图中的尺寸信息，也可以输入相应的数值。

✦ 工具集：工具集中放置了建模时所需的其他工具。例如，在菜单栏选择【视图】|【工具栏】命令，打开【工具栏】对话框，选中建模所需的【工具集】选项，再单击【确定】按钮即可添加所需工具栏，工具集将在视图窗口的左侧。

✦ 默认面板：默认面板是用来容纳各属性对话框的区域，默认面板也称"属性面板"。默认面板是用来对场景中的几何对象、材质、组件、样式、图层、阴影及场景等进行属性设置及参数修改的操作区域。

1.3.3　菜单栏

SketchUp 菜单栏包含了对模型文件的所有基本操作命令，包括【文件】菜单、【编辑】菜单、【视图】菜单、【相机】菜单、【绘图】菜单、【工具】菜单、【窗口】菜单和【帮助】菜单。

1.【文件】菜单

【文件】菜单中的命令主要是执行一些基本操作，

如图 1-33 所示。除了常用的新建、打开、保存、另存为命令，还有在 Google 地球中预览、地理位置、导入与导出等命令。

图 1-33

✦ 新建：选择【新建】命令即可创建名为"标题 - SketchUp Pro 2019"的新文件。

✦ 打开：选择【打开】命令，弹出"打开"对话框，如图 1-34 所示，单击要打开的文件，呈蓝色选中状态，单击"打开"按钮即可。

图 1-34

✦ 保存：选择【文件】|【保存】或【另存为】命令，将当前文件保存。

✦ 另存为模板：指将当前文件以模板形式保存，以便每次启动程序选择相应的模板，而不用只能选择默认模板，选择该命令后，弹出如图 1-35 所示的【另存为模板】对话框。

图 1-35

✦ 发送到 LayOut：SketchUp Pro 2019 发布了增强布局的 LayOut 2019 功能，执行该命令可以将场景模型发送到 Lay Out 中进行图纸布局与标注等操作。

✦ 地理位置：需要与【地理位置】命令配合使用，先为当前模型添加地理位置，再选择在 Google 地球中预览模型，如图 1-36 所示。

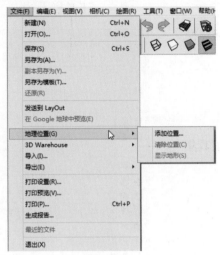

图 1-36

✦ 3D Warehouse（模型库）：选择子菜单中的【获取模型】命令，可以在 Google 官网在线获取所需要的模型，然后直接下载到场景中，对于设计者来说非常方便；选择子菜单中的【共享模型】命令，可以在 Google 官网注册一个账号，将自己的模型上传，与全球用户共享。如图 1-37 所示为获取 3D 模型的网页。

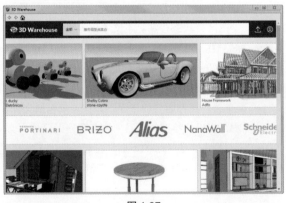

图 1-37

✦ 导入：SketchUp 可以导入 dwg 格式的 CAD 图形文件、3ds 格式的三维模型文件，还有 jpg、bmp、psd 等格式的文件，如图 1-38 所示。

✦ 导出：SketchUp 可以导出三维模型、二维图形、剖面、动画等文件，如图 1-39 所示。

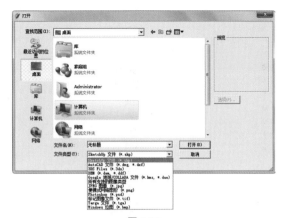

图 1-38

图 1-39

2.【编辑】菜单

【编辑】菜单主要对绘制模型进行编辑，包括常用的复制、粘贴、剪切、还原、重做命令，还有原位粘贴、删除导向器、锁定、创建组件、创建组、相交平面等命令，如图 1-40 所示。

图 1-40

3.【视图】菜单

【视图】菜单主要用于更改模型的显示形式，包括工具栏、场景标签、隐藏几何图形、截面、截面切割、轴、导向器、阴影、雾化、边线样式、正面样式、组件编辑和动画等命令，如图 1-41 所示。

图 1-41

4.【相机】菜单

【相机】菜单主要包括用于更改模型视点的一些命令，如图 1-42 所示。

图 1-42

5.【绘图】菜单

【绘图】菜单中包括线条、圆弧、徒手画、矩形、圆、多边形等命令，如图 1-43 所示。

6.【工具】菜单

【工具】菜单中包括选择、橡皮擦、颜料桶、移动、旋转等常用工具命令，如图 1-44 所示。

7.【窗口】菜单

【窗口】菜单中的命令主要用于查看绘图窗口中的模型情况，如图 1-45 所示。

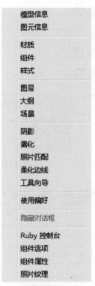

图 1-43　　　　　　　　　图 1-44　　　　　　　　　图 1-45

1.4　入门案例——园林景观亭设计

　　本节以设计园林景观亭为例，带读者进入 SketchUp 的世界，即使是一个初学者，也能很快根据本节介绍的操作步骤顺利完成这个案例，并能快速熟悉 SketchUp 工具的使用方法，如图 1-46 所示为该案例的效果图。

图 1-46

　　结果文件：\Ch01\ 园林景观亭 .skp
　　视频文件：\Ch01\ 园林景观亭 .wmv

01 启动 SketchUp 2019，选择"建筑—毫米"模板后进入工作界面中。

02 在工具集中选择【多边形】工具 ⬡ ，在测量文本框中输入 8 并按 Enter 键确认。在坐标系原点单击放置八边形，并在测量文本框中输入内切圆半径为 2500 并按 Enter 键，完成八边形封闭面的创建，如图 1-47 所示。

03 单击【右视图】按钮 ⬚ 切换到右视图。在工具集中选择【圆弧】工具 ◌ ，依次单击绘制相切连续的圆弧，如图 1-48~图 1-50 所示。

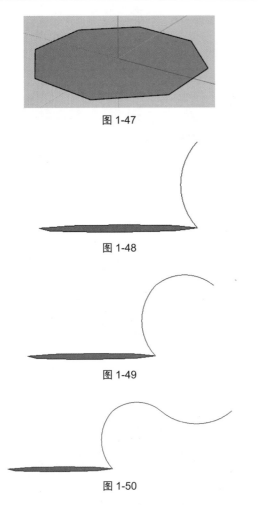

图 1-47

图 1-48

图 1-49

图 1-50

04 继续绘制相切圆弧，直至形成封闭的多边形面，如图 1-51~ 图 1-53 所示。

图 1-51

图 1-52

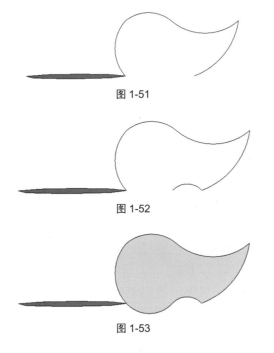

图 1-53

05 先选择八边形封闭面，再选择工具集中的【跟随路径】工具 ⬤。选择截面，系统自动创建扫掠曲面，如图 1-54 所示。

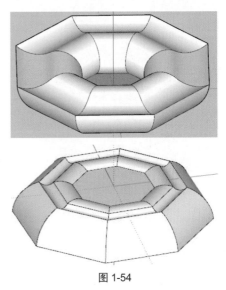

图 1-54

06 在工具集中选择【推 / 拉】工具 ⬤，选取八边形封闭面并往上拉出一定距离，生成八边形柱体，如图 1-55 所示。

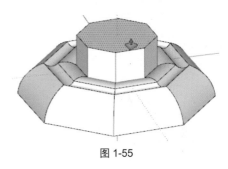

图 1-55

07 在工具集中选择【缩放】工具 ⬤，选择八边形柱体的顶面并进行自由缩放（按住 Ctrl 键可以对称缩放），如图 1-56 所示。

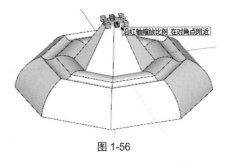

图 1-56

08 在工具集中选择【圆】工具 ⬤，在绘图区的任意位置绘制两个相互垂直的圆面，如图 1-57 所示。

09 利用【路径跟随】工具 ⬤，选取其中一个圆面作为路径参考，选取另一个圆面作为截面，创建一个球体。最后将圆球放置到已创建对象的顶上，如图 1-58 所示。

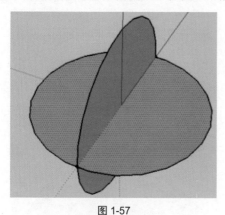

图 1-57

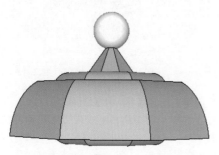

图 1-58

10 在工具集中选择【直线】工具 🖊，指定直线起点和终点后，系统自动绘制出八边形封闭面，如图 1-59 所示。

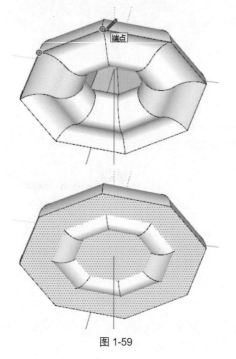

图 1-59

11 选择【偏移】工具 🥧，选取上一步绘制的八边形封

闭面作为偏移参考，创建偏移复制面，如图 1-60 所示。

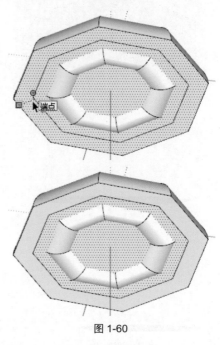

图 1-60

12 将偏移复制的面删除，只保留边线，结果如图 1-61 所示。

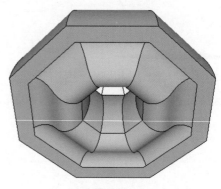

图 1-61

13 选择【圆】工具 ⚫，绘制圆面，如图 1-62 所示。选择【推 / 拉】工具 🔺，单击并拖曳出一定距离生成圆柱，如图 1-63 所示。

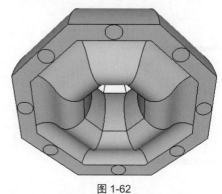

图 1-62

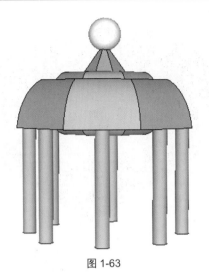

图 1-63

14 选择【圆】工具 ⊙，绘制一个大圆面作为亭子的地板，如图 1-64 所示。选择【偏移】工具 ，向圆内偏移复制出一个小圆面，如图 1-65 所示。

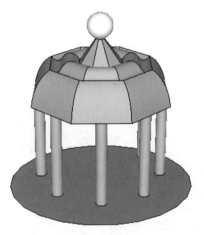

图 1-64

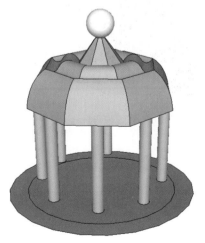

图 1-65

15 选择【推 / 拉】工具 ，分别拖曳大圆面和其中的小圆面，创建不同距离的台阶，如图 1-66 所示。

图 1-66

16 选择【矩形】工具 绘制一个大矩形，选择【推 / 拉】工具 ，单击并拖曳出一个矩形草坪，如图 1-67 所示。

图 1-67

17 在绘图区右侧的【材质】面板中，在【园林绿化、地被层和植被】材质库中选择【人造草被】材质，并拖曳至矩形草坪对象上，如图 1-68 所示。

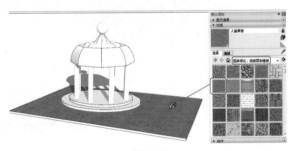

图 1-68

18 同理，选择其他材质赋予不同的对象，如图 1-69 所示。

19 执行【文件】|【导入】命令，从本例源文件中依次导入人物、植物组件并按照一定的布景原则进行造景装饰，效果如图 1-70 所示。

图 1-69

图 1-70

20 执行【窗口】|【默认面板】|【场景】命令，弹出【场景】面板。在【场景】面板中单击【添加场景】按钮⊕为园林景观亭创建"场景号 1"的场景，如图 1-71 所示。最终完成的园林景观亭效果图，如图 1-72 所示。

图 1-71

图 1-72

迈出学习 SketchUp 的第一步，是本章主要介绍的基本内容，其中包括文件与数据管理、模型信息与系统设置、视图操作、对象选择及图层工具等。

知识要点

✦ 文件与数据的管理
✦ 模型信息与系统设置
✦ 视图的操控
✦ 对象的选择方法
✦ 图层的功能及应用

2.1 文件与数据的管理

对于初次使用 SketchUp 软件的用户来说，如何构建合理的绘图环境、导入或导出数据文件、获取外部数据及模型是相当重要的操作步骤，这些操作都是能帮助你成为优秀设计师的先决条件。

2.1.1 模板的选择

SketchUp 的模板指的是包含了完整图形信息的模型文件，文件中包含许多信息，如图层、页面视图、尺寸标注及文字、单位、地理位置信息、动画设置、统计信息、文件设置、渲染设置及组件设置等。

启动软件后，会弹出【欢迎使用 SketchUp】对话框，该对话框也称为"用户欢迎界面"，通过该对话框可以进行软件学习、软件许可证的购买和模板文件的选择。单击【更多模板】文字，会展开 SketchUp 的所有模板。

SketchUp 的模板包括简单模板、建筑设计模板、施工设计模板、城市规划设计模板、景观建筑设计模板、木工设计模板、室内和产品设计模板及 3D 打印模板。如图 2-1 所示为常用的建筑模板和设计模板。

针对设计的项目要选择对应的模板，否则就需要进入工作界面后重新进行模型信息的更改及系统配置，才能符合项目设计的要求。

如果进入工作界面后，需要重新选择模板该怎么办呢？此时需要执行【帮助】|【欢迎使用 SketchUp】命令，再次打开【欢迎使用 SketchUp】对话框并进行相应的操作。

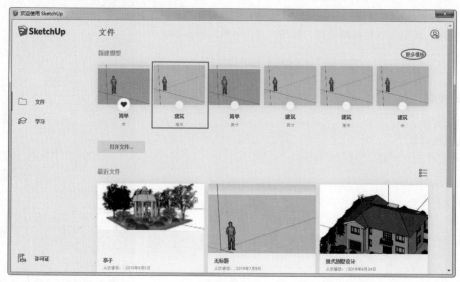

图 2-1

合理选择模板后，如果要重新创建一个文件，执行【文件】|【新建】命令即可，新建的模型文件中所包含的图形信息会延续用户在【欢迎使用 SketchUp】对话框中所选模板的信息。

设计制作完成后，可以将当前的模型文件保存为模板，供后续工作时调取使用。

2.1.2 文件的打开 / 保存与导入 / 导出

当需要打开已有的 SketchUp 文件时，可以执行【文件】|【打开】命令，通过弹出的【打开】对话框找到模型文件保存的路径，打开相应的 SketchUp 模型文件即可，如图 2-2 所示。而其他的格式文件是不能采用此方法打开的。

图 2-2

其他格式文件（其他平面及三维软件生成的文件）可以执行【文件】|【导入】命令，弹出【导入】对话框。在该对话框右下角的文件类型下拉列表中选择一种文件格式，即可将其他软件生成的文件导入当前的工作场景中，如图 2-3 所示。这样的导入方法也称为"数据转换"。如果在文件类型下拉列表中没有要打开文件的格式，也

可以在其他软件中先导出为 SketchUp 能导入的格式文件再进行后续操作。总之，文件数据的转换方式是多种多样的，这也为 BIM 建筑项目设计创造了良好的条件。

图 2-3

同样道理，完成模型的创建后，执行【文件】|【保存】命令，可以将文件保存为 2019 版本或 2019 以前版本的文件。

为了文件数据的转换，可执行【文件】|【导出】命令将当前 SketchUp 模型文件导出为其他三维软件或二维软件的格式文件。

2.1.3 获取与共享模型

SketchUp 为用户提供免费的 3D 模型库 ——3D Warehouse，3D Warehouse 是目前世界上最大的免费 3D 模型资源库，任何人都可以使用 3D Warehouse 来存储和分享模型。

3D Warehouse 分网站和 SketchUp 客户端。网站的网址是 https://3dwarehouse.SketchUp.com，如图 2-4 所示。

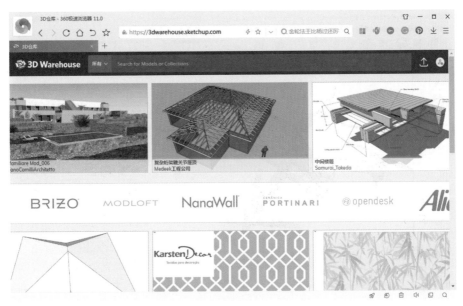

图 2-4

3D Warehouse 的 SketchUp 客户端可以执行【文件】|【3D Warehouse】|【获取模型】命令，或执行【窗口】|【3D Warehouse】命令，打开 3D Warehouse 客户端界面，如图 2-5 所示。

图 2-5

要使用 3D Warehouse 模型库，必须先注册一个账号。3D Warehouse 模型库中的模型种类繁多，而且包括各行各业的专业模型。SketchUp 软件与 BIM 其他软件关联，可以通过 3D Warehouse 模型库传达模型信息。例如，3D Warehouse 可以安装在 Revit 中，也可以安装在 AutoCAD 软件中，将 3D Warehouse 模型库中的 skp 模型下载并导入 Revit 或 AutoCAD 中，随即完成模型数据的转换。在其他 BIM 软件中要使用 3D Warehouse 模型库插件，可以到 Autodesk App Store 应用商店（https://apps.autodesk.com/zh-CN）中搜索并下载。

当用户想把自己的模型通过网络分享给其他设计师时，先保存当前模型文件，并执行【文件】|【3D Warehouse】|【共享模型】命令，弹出 3D Warehouse 窗口，输入模型文件的标题及说明后，单击【上载】按钮，即可完成模型的共享，如图 2-6 所示。

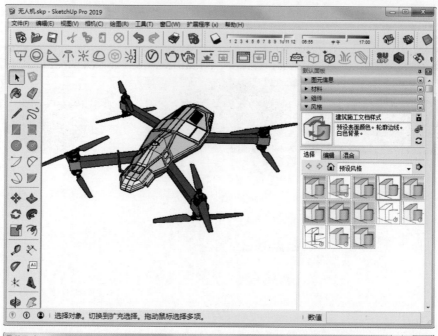

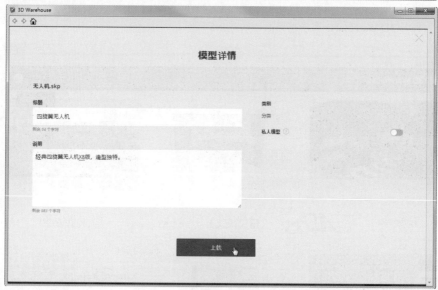

图 2-6

2.2 模型信息与系统设置

前文已提到，如果选错了模板文件，可以通过设置模型信息和系统配置来满足项目设计要求，本节将讲述具体的操作方法。

2.2.1 模型信息设置

SketchUp 模型信息设置，主要用于显示或者修改模型信息，包括尺寸、单位、地理位置、 动画、统计信息、文本、文件、渲染、组件等。

执行【窗口】|【模型信息】命令，弹出【模型信息】对话框，该对话框的主要选项介绍如下。

✦ 版权信息：显示当前模型的作者和组件作者，如图 2-7 所示。

图 2-7

✦ 尺寸：主要用于设置模型尺寸、文本大小、字体样式和颜色、文字标注引线等，如图 2-8 所示。

图 2-8

✦ 单位：主要用于设置文件默认的绘图单位和角度单位，如图 2-9 所示。

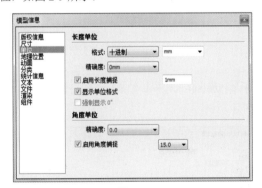

图 2-9

✦ 地理位置：主要用于设置模型所处地理位置和太阳方位，如图 2-10 所示。

✦ 动画：主要用于设置场景动画转换时间和延迟时间，如图 2-11 所示。

✦ 分类：如果在 SketchUp 中对数据进行分类，可以使用 BIM 软件创建外观逼真的模型，其中就包含了有关所有需要组装对象的实用数据。如果选择的是英制模板并创建模型，可以使用默认的 IFC 分类系统，如果是公制模板，则需要导入你创建的 SKC 分类文件，如图 2-12

所示。

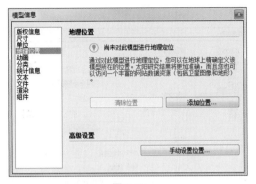

图 2-10

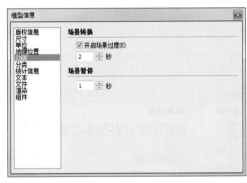

图 2-11

图 2-12

✦ 统计信息：用于统计当前模型的边线、平面、组件等一系列的数量，如图 2-13 所示。

图 2-13

◆ 文本：用于设置屏幕文字、引线文字、引线的属性，如图 2-14 所示。

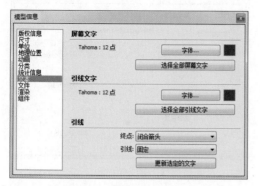

图 2-14

◆ 文件：用于显示当前文件的存储位置、使用版本等。

◆ 渲染：提高渲染质量并消除锯齿，如图 2-15 所示。

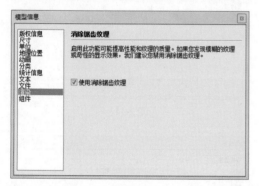

图 2-15

◆ 组件：可以控制相似组件或其他模型的淡化效果，如图 2-16 所示。

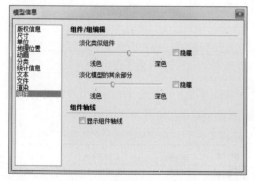

图 2-16

2.2.2　系统设置

执行【窗口】|【系统设置】命令，弹出【SketchUp 系统设置】对话框，如图 2-17 所示，该对话框的主要选项设置介绍如下。

◆ OpenGL：用于设置计算机中显卡的图形处理能力，一般设置为 4x，如果觉得显示效果不好，可以设置为 16x。该参数设置得越高，对计算机性能的要求就越高，特别是处理场景比较大的模型时可能会"卡"，如图 2-17 所示。

图 2-17

◆ 常规：常规设置包括了正在保存、检查模型的问题、场景和样式、软件更新等，如图 2-18 所示。

图 2-18

◆ 辅助功能：用于设置界面中各元素的颜色，如图 2-19 所示。

图 2-19

◆ 工作区：设置软件图标的大小及界面布局等，如图 2-20 所示。

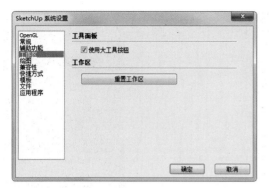

图 2-20

✦ 绘图：设置绘图时鼠标的使用方法及是否显示绘图十字线等，如图 2-21 所示。

图 2-21

✦ 兼容性：设置鼠标滚轮方向在视图缩放中的作用，如图 2-22 所示。

图 2-22

✦ 快捷方式：用于设置建模及视图操控时的快捷键，如图 2-23 所示。

✦ 模板：用于设置新建模型文件时采用的默认模板，如图 2-24 所示。

✦ 文件：设置软件各元素的默认保存及启用文件的位置，如图 2-25 所示。

✦ 应用程序：在为材质及贴图进行编辑时，可以使用外部的图像编辑器编辑材质或贴图。例如，到

Photoshop 图像软件的安装路径中选择 Photoshop.exe 文件，如图 2-26 所示。接着在【材料】面板的【编辑】选项卡中单击【在外部编辑器中编辑纹理图像】按钮 ，即可启动 Photoshop 软件并进行图像的编辑，如图 2-27 所示。

图 2-23

图 2-24

图 2-25

图 2-26

25

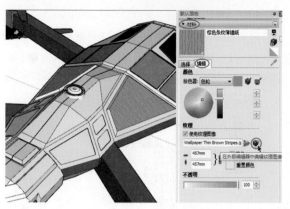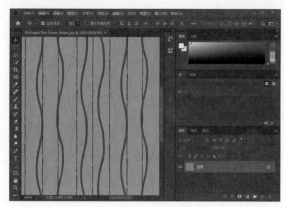

图 2-27

2.3 视图的操控

在使用 SketchUp 进行方案推敲的过程中，经常需要通过视图切换、缩放、旋转、平移等操作，以确定模型的创建位置或观察当前模型在各个角度下的细节结果，这就要求用户熟练掌握 SketchUp 视图操作的方法与技巧。

2.3.1 切换视图

在创建模型的过程中，通过单击【视图】工具栏中的 6 个按钮，可以随意切换视图方向，【视图】工具栏如图 2-28 所示。

图 2-28

如图 2-29 所示为 6 个标准视图的预览情况。

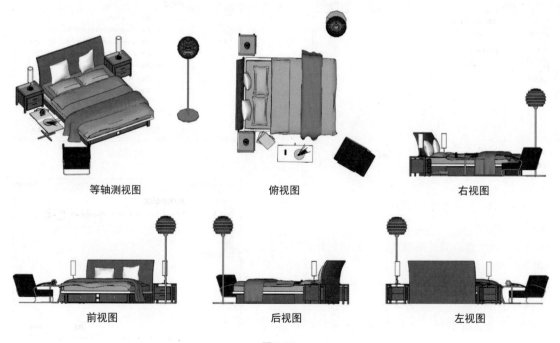

图 2-29

SketchUp 视图包括平行投影视图、透视图和两点透视图。图 2-29 中的 6 个标准视图就是平行投影视图的具体表现。如图 2-30 所示为某建筑物的透视图和两点透视图。

透视图

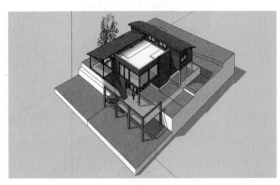

两点透视图

图 2-30

要得到平行投影视图或透视图，可执行【相机】|【平行投影】命令或【相机】|【透视图】命令。

2.3.2　环绕观察

环绕观察可以观察全景模型，给人以全面的、真实的立体感受。在工具集中单击【环绕观察】按钮，并在绘图区按住左键拖动，可以任意空间角度观察模型，如图 2-31 所示。

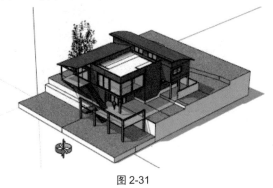

图 2-31

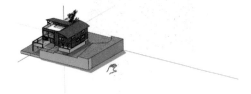

图 2-31（续）

> **技术要点：**
> 也可以按住鼠标中键，并拖动模型进行环绕观察。如果使用鼠标中键双击绘图区的某处，会将该处旋转置于绘图区中心。这个技巧同样适用于【平移】工具和【实时缩放】工具。按住 Ctrl 键的同时旋转视图能使竖直方向的旋转更流畅。利用页面保存常用视图，可以减少【环绕观察】工具的使用频率。

2.3.3　平移和缩放

平移和缩放是操作模型视图的常见基本方法。

利用工具集中的【平移】工具，可以拖动视图至绘图区的不同位置。平移视图其实就是平移相机位置，如果视图本身为平行投影视图，那么无论将视图平移到绘图区的何处，模型视角都不会发生改变，如图 2-32 所示。若视图为透视图，那么，平移视图到绘图区的不同位置，视角会发生如图 2-33 所示的改变。

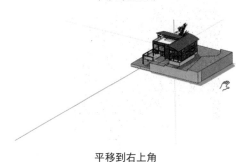

平移到左上角

平移到右上角

图 2-32

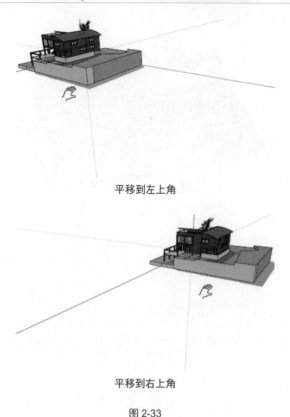

平移到左上角

平移到右上角

图 2-33

缩放工具包括缩放相机视野工具和缩放窗口。缩放视野是缩放整个绘图区内的视图，利用【缩放】工具 ![icon]，在绘图区上下拖动鼠标，可以缩小或放大视图，如图 2-34 所示。

图 2-34

2.3.4 视图工具的应用

利用视图工具可以改变视图角度，以便对模型进行不同角度的观察，包括等轴视图、俯视图、主视图、右视图、后视图和左视图。

实例：视图工具的具体应用

01 打开本例源文件"建筑模型 .skp"。

02 单击【等轴】按钮 ![icon]，显示等轴视图，如图 2-35 所示。

图 2-35

03 单击【俯视图】按钮 ![icon]，显示俯视图，如图 2-36 所示。

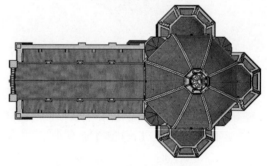

图 2-36

04 单击【主视图】按钮 ![icon]，显示主视图，如图 2-37 所示。

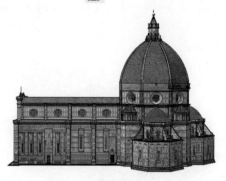

图 2-37

05 单击【右视图】按钮 ![icon]，显示右视图，如图 2-38 所示。

图 2-38

06 单击【后视图】按钮 ⌂，显示后视图，如图 2-39 所示。

图 2-39

07 单击【左视图】按钮 ⊟，显示左视图，如图 2-40 所示。

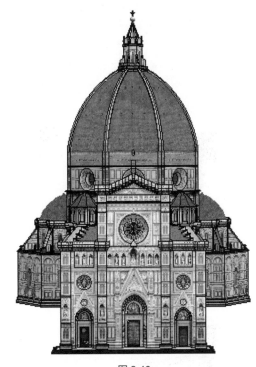

图 2-40

2.4　对象的选择方法

在制图过程中，经常需要选择相应的物体，因此，必须熟练掌握选择物体的方法。SketchUp 常用的选择方式包括一般选择、窗选与窗交和扩展选择三种。

2.4.1　一般选择

【选择】工具可以通过选择工具集中的【选择】工具 ▶，也可以直接按空格键激活【选择】工具，下面以实例方式进行说明。

实例：一般选择的方法

01 单击工具栏中的【打开】按钮 📂，并打开"源文件 \Ch02\ 休闲桌椅组合 .skp"模型文件，如图 2-41 所示。

02 选择工具集中的【选择】工具 ▶，或直接按空格键激活【选择】工具，绘图区中显示箭头图标 ▶。

03 在休闲桌椅组合中任意选中一个模型，该模型将显示边框，如图 2-42 所示。

图 2-41

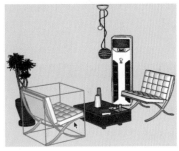

图 2-42

技术要点：

SketchUp 中最小的可选对象为"线""面"与"组件"。本例组合模型为"组件"，因此无法直接选择到"面"或"线"，但是，如果选择组件模型并右击，在弹出的快捷菜单中执行【分解】命令，即可选择该组件模型中的"面"或"线"元素，如图 2-43 所示。若该组件模型由多个元素构成，则需要进行多次分解。

图 2-43

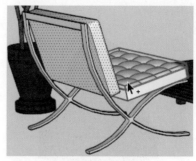

图 2-44

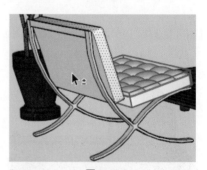

图 2-45

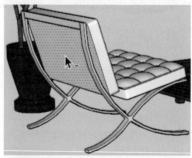

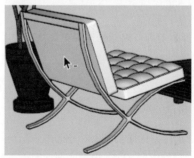

图 2-46

04 选择一个组件、线或面后，若要继续选择，可按 Ctrl 键（光标变成 ▶+）连续选择对象即可，如图 2-44 所示。

05 按住 Shift 键（光标变成 ▶±）可以连续选择对象，也可以反向选择对象，如图 2-45 所示。

06 按住 Ctrl+Shift 组合键（光标变成 ▶_），可反选对象，如图 2-46 所示。

技术要点：

如果误选了对象，可按住 Shift 键进行反选，还可以按住 Ctrl+Shift 组合键反选。

2.4.2 窗选与窗交

窗选与窗交都是利用选择命令，以矩形框选方式进行选择。窗选是由左至右画出矩形选框进行框选；窗交是由右至左画出矩形选框进行框选。

窗选的矩形选框是实线，窗交的矩形选框为虚线，如图 2-47 所示。

图 2-47

实例：窗选与窗交的具体应用

01 单击工具栏中的【打开】按钮，并打开"源文件 \Ch02\ 餐桌组合 .skp"模型文件，如图 2-48 所示。

图 2-48

02 在整个组合模型中要求一次性选择 3 个椅子组件。保留默认视图，在图形区合适位置拾取一点作为矩形框的起点，并从左至右画出矩形选框，将其中 3 个椅子组件包容在选框内，如图 2-49 所示。

图 2-49

技术要点：

要想完全选中 3 个组件，它们必须被包含在矩形选框内。另外，被矩形选框包容的还有其他组件，若不想选中它们，按住 Shift 键反选即可。

03 框选后可以看到同时被选中的 3 个椅子组件被蓝色

高亮显示，如图 2-50 所示。在图形区空白区域单击鼠标，即可取消框选结果。

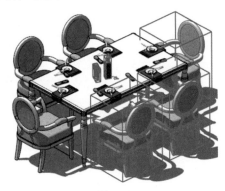

图 2-50

04 下面用窗交方法同时选择 3 个椅子组件。在合适位置从右至左画出矩形选框，如图 2-51 所示。

图 2-51

技术要点：

窗交与窗选不同的是，其无须将所选对象完全包容在内，而是矩形选框包容对象或接触所选对象，但凡矩形选框接触的组件都会被选中。

05 如图 2-52 所示，矩形选框所接触的组件被自动选中，包括椅子组件、桌子组件和桌面上的餐具。

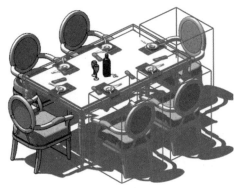

图 2-52

06 如果将视图切换到俯视图，再利用窗选或窗交的方式选择对象会更容易，如图 2-53 所示。

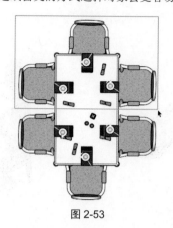

图 2-53

2.5 图层的功能及应用

在许多图形图像处理软件中都有图层工具。一般而言，在这些软件中图层的概念类似透明胶片——在每张单独的胶片上绘制部分图像，可以通过移走或移回这些胶片，实现不同的组合，达到显示不同的图像叠合的效果。图层操作主要包括创建、删除、打开和关闭。

2.5.1 图层的特点

与传统绘画过程相比，软件中图层的概念带来了许多便利，归纳起来有以下几点。

✦ 通过图层控制图像的显示，便于观察特定的图形实体、图像单元，形成不同方案或者效果。

✦ 图层用于管理图形图像，赋予它们特殊的含义。

✦ 分离不同的元素，做到在不被其他元素干扰和不干扰其他元素的情况下，对特定元素进行编辑。

✦ 图形图像可以继承所在图层的特定属性，通过修改图层属性达到快速修改图像的目的。

在 SketchUp 中，面与边线是两种独立的实体，一个对象面和边线可以分别位于不同的图层。而这两者又有一定的依存关系，如果面的部分边线被删除，该面会因为失去限定条件而被清除，当面的部分边线被移动时也会导致面的变形或被重新分割。基于这种情况，如果按照 AutoCAD 的方式使用图层来组织模型，在关闭了部分图层的情况下，很容易发生因为删除或移动边线导致被关闭图层中的面被清除或发生变化，而这些改变需要等到重新打开图层时才会被发现，这种不可见的后果给习惯了 AutoCAD 和 Photoshop 中图层操作的用户带来很多困扰。

SketchUp 主要通过将具有特定意义的实体组合打包为组件或群组的方式进行模型管理。用户可以进入组件或群组内部，对模型进行局部编辑，也可以给组件或群组以某些属性以传递给内部的模型实体，如材质、阴影状态等。

SketchUp 也提供了隐藏、显示工具，用于单独将实体隐藏或重新显示。

可以说传统图层的功能在 SketchUp 中都有其他工具可以替代完成，很多用户在使用 SketchUp 时很少使用图层工具。

2.5.2 图层的使用技巧

如果说群组和组件是管理模型的主要方式，图层工具则是管理模型的辅助方式，两者结合才能更好地提高工作效率。在 SketchUp 的设计过程中，笔者总结了一些关于图层的使用技巧。

1.快速隐藏、显示模型对称中轴线

在建立左右对称的模型过程中，位于对称轴的线需要显示出来以编辑相关面，而在查看完成效果时往往需要隐

藏它们。但这些线往往包含在不同的群组或组件中，需要逐一进入这些群组或者组件来隐藏它们，过程十分烦琐。如果将它们归于一个特定的图层，即可利用图层工具的全局显示功能，实现显示状态的快速切换。

2. 与其他软件交换数据时传递信息

实际应用中，经常需要用 SketchUp 和其他 CAD 软件交换数据，这时图层是一个重要的转换渠道。一个群组意义明确、结构层次分明的 SketchUp 模型，可能由于没有合理分层，在转换为 DWG 文件后，出现全部实体都在 0 层，无法继续进行深入编辑的情况。如果要检视模型的分层情况，可以执行【图层】面板菜单中的【按层着色】命令，这时 SketchUp 会忽略所有实体自身的材质，而按照其所在图层的颜色进行显示。

3. 获得导出图像的选区蒙版

在将 SketchUp 设计好的模型场景通过渲染或者导出的方法得到设计表达图像后，可以利用图层工具的颜色属性继续得到同视角和同分辨率的多个图像蒙版，以便于在 Photoshop 中对设计表达图像进行后期处理。

✦ 材质蒙版图像：在模型实体按照材质分配图层的情况下，可以为每个图层分配差异比较大的图层颜色，然后打开按图层着色的方式，即可导出材质蒙版图像。

✦ 阴影蒙版图像：将所有图层的颜色改为白色、打开按图层着色，配合样式管理关闭边线，设置背景为白色，打开阴影，即可导出阴影蒙版图像。

✦ 景深蒙版图像：在阴影蒙版图像设置的基础上，关闭阴影，打开雾效，修改雾的颜色为黑色，精确调整雾效显示范围后，可以导出景深蒙版图像。

在 Photoshop 中，打开设计表达图像并新建一个通道，并将景深和阴影蒙版图像粘贴到这个通道中，在需要时即可使用这个通道获得相应的图像选区。

4. 与场景页面配合实现动态场景动画和多方案比较

SketchUp 的动画是依靠场景页面的切换来实现的，而场景页面可以记录图层的显示状态，用户可以在不同的页面中设置不同的图层显示状态，在页面切换过程中自动切换图层的显示状态，用这种方法可以实现特殊的效果，例如建筑建造过程动画、行车动画等。

如果设计中的某些局部位置有多种方案需要推敲或演示，可以将每个局部方案组件分别放置在不同的图层上，依次打开这些图层并创建场景页面。通过单击场景页面标签，即可切换不同图层的显示状态，进行多方案的比较研究或展示。

2.5.3 【图层】面板

在 SketchUp 中，可以在图形区（视图窗口）右侧的【图层】面板中进行图层的创建、删除等操作，如图 2-54 所示。

图 2-54

第 3 章

踏出 SketchUp 的第一步

本章主要介绍 SketchUp 的辅助设计功能，其主要作用是帮助设计师快速建模。

SketchUp 辅助设计工具包括模型显示样式、标准工具、建筑施工工具、视图操控工具、剖切工具、图元删除工具等。

 知识要点

✦ 设置模型显示样式

✦ 启用物体阴影

✦ 创建相机视图

✦ 创建模型剖切

✦ 图元对象的删除与擦除

3.1　设置模型显示样式

模型的显示样式在 SketchUp 中称为"样式"，模型显示样式包括 X 光透射模式、后边线、线框、隐藏线、阴影、阴影纹理和单色 7 种显示模式，如图 3-1 所示为【样式】工具栏。

图 3-1

在工具栏空白处右击，在弹出的快捷菜单中执行【样式】命令，即可调出【样式】工具栏。

实例：设置模型显示样式

01 打开本例源文件"风车 .skp"，单击【X 光透射模式】按钮 ，显示 X 射线样式，如图 3-2 所示。

02 单击【后边线】按钮 ，显示后边线样式，如图 3-3 所示。

图 3-2　　　　　　　　　　　图 3-3

03 单击【线框显示】按钮 ，显示线框样式，如图 3-4 所示。

04 单击【消隐】按钮 ，显示消隐线样式，如图 3-5 所示。

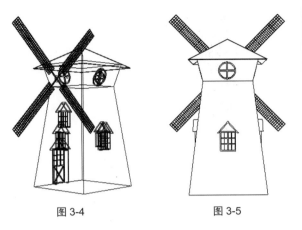

图 3-4　　　　　　　图 3-5

07 单击【单色显示】按钮 ⬡，显示单色显示样式，如图3-8
所示。

图 3-8

05 单击【阴影】按钮 ⬡，显示阴影样式，如图3-6 所示。

06 单击【材质贴图】按钮 ✦，显示材质贴图样式，如图3-7
所示。

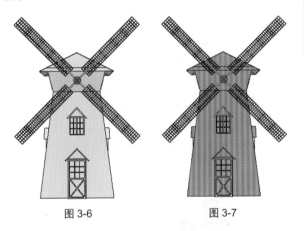

图 3-6　　　　　　　图 3-7

3.2　启用物体阴影

阴影工具能为模型提供日光照射和阴影效果，可以显示一天及全年时间内的光照及阴影变化，相应的计算是根据模型位置（经纬度、模型的坐落方向和所处时区）进行的。

要想使用阴影效果，需要进行阴影设置并启用阴影，可以通过在【阴影】面板中单击【阴影】按钮 ⬡ 来启用阴影，也可以在【阴影】工具栏中单击【显示／隐藏阴影】按钮 ⬡ 来开启阴影。

执行【窗口】|【默认面板】|【阴影】命令，可以控制显示或隐藏【阴影】面板，如图3-9所示为【阴影】面板。

在工具栏空白位置右击，在弹出的快捷菜单中执行【阴影】命令，弹出【阴影】工具栏，如图3-10所示。

【阴影】面板的主要选项含义如下。

图 3-9

图 3-10

✦ 【显示/隐藏阴影】按钮 ◻：单击控制显示或隐藏阴影。

✦ <kbd>UTC+08:00 ▼</kbd>：标准世界统一时间，选择该下拉列表中不同的时区时间，可以改变阴影状态，如图 3-11 所示。

图 3-11

✦ 【时间】选项：可以通过调整滑块改变时间，从而控制阴影变化，也可以在右侧的文本框中输入准确数值，如图 3-12~图 3-15 所示。

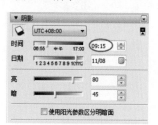

图 3-12

阴影变化 1

图 3-13

阴影变化 2

图 3-14

阴影变化 3

图 3-15

✦ 【日期】选项：通过拖曳滑块调整日期，也可以在右侧的文本框中输入准确数值。

✦ 【亮】、【暗】选项：主要用于调整模型和阴影的亮度和暗度，也可以在右侧的文本框中输入准确数值，如图 3-16 和图 3-17 所示。

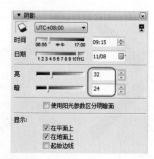

图 3-16

图 3-17

✦ 【使用阳光参数区分明暗面】复选框：选中该复选框则代表在不显示阴影的情况下，依然按场景中的太阳光表示明暗关系，反之将不显示。

✦ 【在平面上】复选框：选中该复选框将启用平面阴影投射，此功能会占用大量的 3D 图形硬件资源，因此可能会导致显示性能降低。

✦ 【在地面上】复选框：选中该复选框将启用在地面（红色/绿色平面）上的阴影投射。

✦ 【起始边线】：选中该复选框将启用与平面无关的边线的阴影投射。

技术要点：

SketchUp 中的时区是根据图像坐标设置的，鉴于某些时区跨度很大，某些位置的时区可能与实际情况相差多达一小时（有时相差的时间会更长），夏令时不作为阴影计算的因子。

3.3　建筑施工工具

建筑施工工具又称为"精确建模工具"，主要用于对模型进行一些测量和控制操作，包括【卷尺】工具、【尺寸】工具、【量角器】工具、【文字】工具、【轴】工具和【三维文字】工具。如图 3-18 所示为【建筑施工】工具栏，也可以在工具集中找到这些精确建模的辅助工具。

图 3-18

3.3.1　【卷尺】工具

【卷尺】工具主要对模型任意两点进行测量，同时还可以拉出一条辅助线，对建立精确模型非常有帮助。

实例：测量模型

下面测量一个立方体的高度和宽度。

01 创建一个 300mm×300mm×350mm 的立方体，如图 3-19 所示。

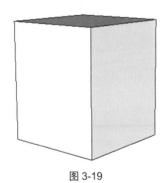

图 3-19

02 选择【卷尺】工具 ，指针变成一个卷尺，单击确定要测量的第一点，呈绿点状态，如图 3-20 所示。

03 移动鼠标指针至测量的第二点，鼠标指针的右下角会显示精确的长度，如图 3-21 和图 3-22 所示为测量的高度和宽度。

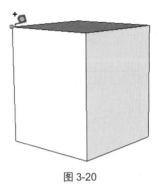

图 3-20

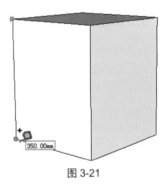

图 3-21

图 3-22

实例：辅助线精确建模

01 接上一个案例。

02 选择【卷尺】工具 ，选取边线中点作为测量起点，如图 3-23 所示。

03 单击并向下拖动，拉出一条辅助线，在测量文本框中输入 30mm 并按 Enter 键，即可确定当前辅助线与边距离为 30mm，如图 3-24 所示。

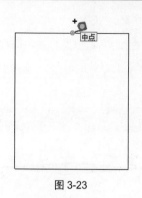

图 3-23

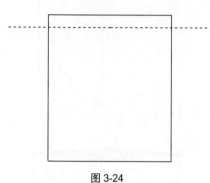

图 3-24

04 分别对其他三条边创建 30mm 的辅助线，如图 3-25 所示。

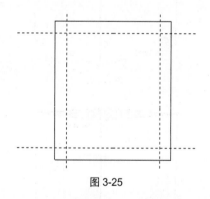

图 3-25

05 选择【直线】工具 ✐，选取辅助线相交的 4 个点，即可绘制出一个精确的封闭面，如图 3-26 和图 3-27 所示。

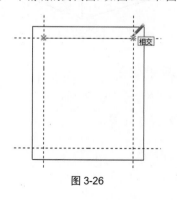

图 3-26

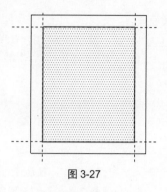

图 3-27

06 删除封闭面，辅助线精确建立模型完毕。执行【视图】|【参考线】命令即可隐藏辅助线，如图 3-28 所示。

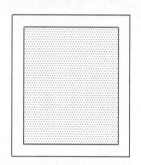

图 3-28

07 为了表现其效果，通过【材质】面板，为精确绘制的封闭面添加半透明玻璃材质，结果如图 3-29 所示。

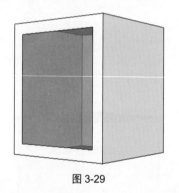

图 3-29

3.3.2　【尺寸】工具

　　【尺寸】工具主要用于对模型进行精确标注，可以对中心、圆心、圆弧、边线进行标注。

实例：距离尺寸标注

01 打开本例源文件"门 .skp"，如图 3-30 所示。选择【尺寸】工具 ⚒，在门模型的左上角选取一端点作为尺寸标注的第一点，如图 3-31 所示。

图 3-30　　　　　　　　图 3-31

02 移动鼠标，选取门模型的右上角端点作为尺寸标注的第二点，如图 3-32 所示。

图 3-32

03 向上拖动鼠标，可以在适当位置放置尺寸（包括尺寸线与尺寸文字），在尺寸位置单击即可完成两点间的距离标注，如图 3-33 和图 3-34 所示。

图 3-33　　　　　　　　图 3-34

实例：长度尺寸标注

01 选择【尺寸】工具 ，直接选取门模型左侧的一条边线，选中的边线呈蓝色高亮显示，如图 3-35 所示。

图 3-35

02 向左拖动鼠标，在适当位置单击以放置尺寸，即可完成所选边线的长度标注，如图 3-36 和图 3-37 所示。

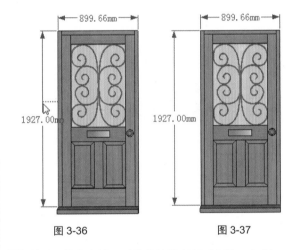

图 3-36　　　　　　　　图 3-37

03 利用同样的方法，对其他边进行尺寸标注，如图 3-38 所示。

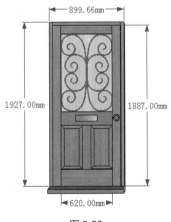

图 3-38

04 选中尺寸，按 Delete 键即可删除尺寸，如图 3-39 所示。

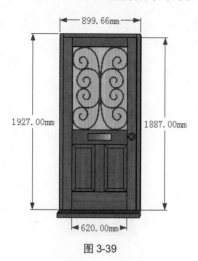

图 3-39

实例：半径或直径标注

在场景中绘制一个圆和圆弧，对圆和圆弧进行直径或半径标注。

01 分别利用工具集中的【圆】工具 和【圆弧】工具 ，绘制圆和圆弧，如图 3-40 所示。

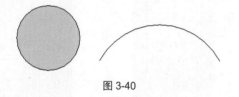

图 3-40

02 选择【尺寸】工具 ，并选取圆，如图 3-41 所示。

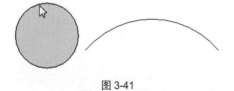

图 3-41

03 在圆内或圆外的某个位置单击，以放置直径尺寸，如图 3-42 所示。

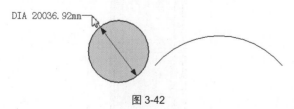

图 3-42

04 同理，再选取圆弧，系统会自动标注出半径尺寸。直径尺寸中的 DIA 表示直径，半径尺寸中的 R 表示半径，如图 3-43 所示。

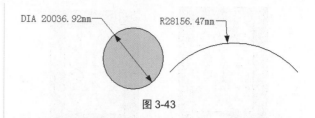

图 3-43

> **！ 技术要点：**
>
> 如果尺寸失去了与几何图形的直接链接或其文字经过了编辑，则可能无法显示准确的尺寸值。

3.3.3 【量角器】工具

【量角器】工具主要用来测量角度或创建有角度的辅助线，按住 Ctrl 键可以创建角度辅助线。

实例：使用【量角器】工具

01 打开本例源文件"模型 1.skp"，这是一个多边形模型，如图 3-44 所示。

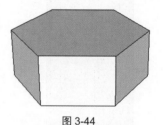

图 3-44

02 选择【量角器】工具 ，鼠标指针变成量角器图标，将鼠标指针移动到夹角顶点上，如图 3-45 所示。

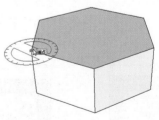

图 3-45

03 放置量角器后在模型中选取一个顶点作为角度起始边上的一点，如图 3-46 所示。

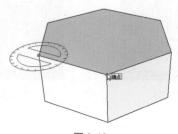

图 3-46

04 在模型中选取另一个顶点作为角度终止边上的一点，如图 3-47 所示。

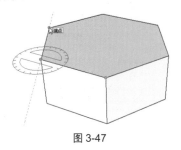

图 3-47

 技术要点：

SketchUp 最高可接受 0.1°的角度精度，按住 Shift 键单击图元，可锁定该方向的操作。

05 完成角度测量后，可在测量文本框中查看测量的角度值，如图 3-48 所示。如果需要保留测量的辅助线，可以在执行【量角器】命令后，按下 Ctrl 键进行测量，即可保留辅助线，如图 3-49 所示。

角度 120.0

图 3-48

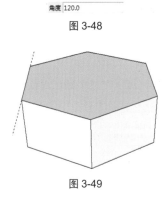

图 3-49

06 不再需要辅助线时，可以选中某一条或多条辅助线并按 Delete 键删除，如图 3-50 所示。若要全部删除绘图区中的辅助线，执行【编辑】|【删除参考线】命令即可，如图 3-51 所示。

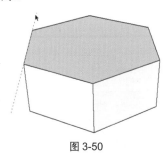

图 3-50

 技术要点：

若想隐藏辅助线，执行【视图】|【参考线】命令即可。

图 3-51

3.3.4 【文字】工具

利用【文字】工具，可以创建模型中的文字注释，例如建筑设计与建筑装饰设计中的门窗型号、材料型号、钢筋材料型号等。

实例：创建文字标注

对一个窗户模型进行标注。

01 打开本例源文件"窗户 .skp"，这是一个窗户模型，如图 3-52 所示。

02 选择【文字】工具，选取模型面以创建引线起点，如图 3-53 所示。

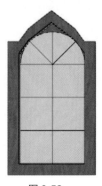 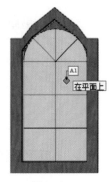

图 3-52　　　　　图 3-53

03 向外拖动鼠标在合适位置放置引线（放置后单击），即可完成所选面的文字注释，如图 3-54 所示。如果需要进行其他文字说明，可以修改文字内容。

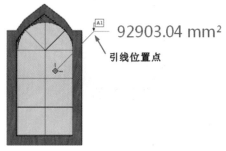

图 3-54

04 利用同样的方法，创建窗户模型中其他位置的文字注释，如图 3-55 所示。

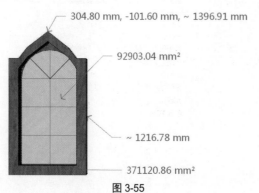

图 3-55

05 如果不需要创建引线，可以直接在空白区域单击，以放置说明文字。

实例：修改文字标注

以上对模型的文字标注都是以默认方式标注的，还可以对其进行修改。

01 选择【文字】工具 ，双击注释文字，文字呈蓝色高亮显示后，即可修改文字内容，如图 3-56 和图 3-57 所示。

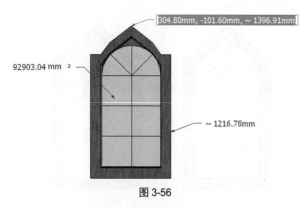

图 3-56

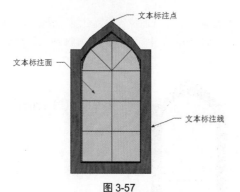

图 3-57

02 在【图元信息】面板中显示【文字】选项，如图 3-58 所示。

图 3-58

03 单击【更改字体】按钮，弹出【字体】对话框。在该对话框中可以对文字大小和样式进行修改，修改完成后单击【确定】按钮，如图 3-59 所示。

图 3-59

04 单击颜色块，可以对文字颜色进行修改，如图 3-60 所示。

图 3-60

05 在【引线】下拉列表中可以设置引线样式，如图 3-61 所示。

图 3-61

06 设置好字体、颜色和引线后，按 Enter 键结束操作，如图 3-62 所示为修改后重新设置的文字标注。

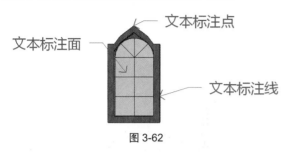

图 3-62

3.3.5　【轴】工具

【轴】工具主要用于创建坐标轴，可以使用该工具移动或重新确定模型中的绘图轴方向，也可以使用该工具对没有依照默认坐标平面确定方向的对象进行更精确的比例调整。

实例：新建坐标轴

以一个小房子模型为例，手动创建一个新的坐标系轴。

01 打开本例源文件"小房子 .skp"，这是一个小房子模型，如图 3-63 所示。从打开的模型中可以看到，默认的坐标轴位置在小房子的左侧。其中，红色轴表示 X 轴，绿色轴表示 Y 轴，蓝色轴表示 Z 轴。

图 3-63

02 选择【轴】工具 ，在模型中选取一个端点作为新坐标轴的原点（也称"轴心点"），如图 3-64 所示。

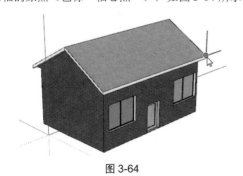

图 3-64

03 沿着屋面移动鼠标指针至另一端点并单击，随即完成 X 轴的指定，如图 3-65 所示。

图 3-65

04 移动鼠标指针至屋面的另一端点并单击，完成 Y 轴的指定，如图 3-66 所示。

图 3-66

05 随后默认的坐标轴消失，绘图区中仅显示新建的坐标轴，如图 3-67 所示。

图 3-67

实例：对齐轴

仍然以一个小房子模型为例，利用【对齐轴】工具改变默认坐标轴的轴向。

01 选中一个屋面并右击，在弹出的快捷菜单中执行【对齐轴】命令，即可自动将屋面设置为与 X 轴、Y 轴对齐的坐标平面，如图 3-68 所示。

02 如图 3-69 所示为对齐轴后的效果。

图 3-68

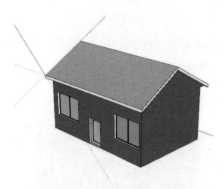

图 3-69

03 如果要恢复默认的轴方向，可右击轴并在弹出的快捷菜单中执行【重设】命令，即可恢复默认的轴方向，如图 3-70 所示。

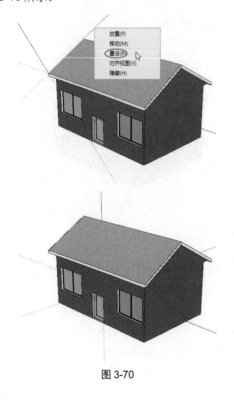

图 3-70

3.3.6 【三维文字】工具

利用【三维文字】工具可以创建文字的三维效果。

实例：添加三维文字

01 打开本例模型"学校大门 .skp"，这是一个学校大门模型，如图 3-71 所示。

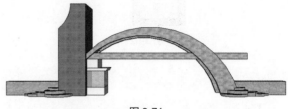

图 3-71

02 选择【三维文字】工具 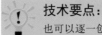，弹出【放置三维文本】对话框，如图 3-72 所示。

图 3-72

03 在文本框中先输入"欣荣中学"四个字，并竖直排列，再对字体、对齐、高度属性进行设置，如图 3-73 所示。

图 3-73

04 单击【放置】按钮，将文字放置到大门的立柱面上，如图 3-74 所示。

技术要点：

也可以逐一创建单个三维文字，以便通过【缩放】命令调整字间距和行距。

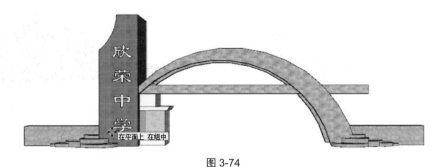

图 3-74

05 选择【缩放】工具 ![icon] 通过缩放文字大小调整文字，效果如图 3-75 所示。

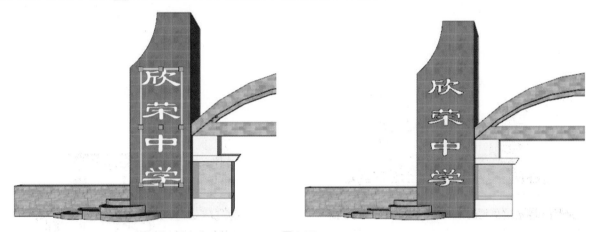

图 3-75

06 通过【材质】面板选择一种材质并赋予三维文字，效果如图 3-76 所示。

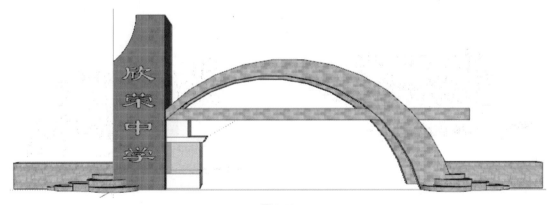

图 3-76

> **技术要点：**
> 创建三维文字时必须选中【填充】和【已延伸】复选框，否则产生的文字没有立体效果。在放置三维对象时会自动激活
> 移动工具，利用选择工具在空白处单击即可取消移动工具的选中状态。

3.4　创建与操控视图

SketchUp 的相机工具主要用来对模型进行不同视图角度的观察。【相机】工具栏中包含【环绕观察】、【平移】、
【缩放】、【缩放窗口】、【充满视窗】、【上一视图】、【定位相机】、【绕轴旋转】及【漫游】等工具，如图 3-77

所示。

图 3-77

通过【环绕观察】工具可以围绕模型旋转进行全方位的观察。除了可以使用【环绕观察】工具旋转观察模型视图，还可以按下鼠标中键旋转观察模型视图。

实例：环绕观察模型

01 打开本例的文件"别墅模型 1.skp"，这是一个别墅模型，如图 3-78 所示。

图 3-78

02 单击【环绕观察】工具 ，单击并向不同的方位拖曳，如图 3-79 所示。

图 3-79

03 在【视图】工具栏中单击 6 个基本视图按钮，从不同角度观察房屋模型的结构。如图 3-80 和图 3-81 所示为单击【右视图】按钮 和【左视图】按钮 后的视图观察角度。

图 3-80

图 3-81

【平移】工具主要用来创建可以垂直和水平移动的相机以查看模型。按住 Shift 键 + 中键，也可以平移模型视图进行观察。

实例：平移模型视图

01 选择【平移】工具 ，在视图中单击并左、右平移，如图 3-82 所示。

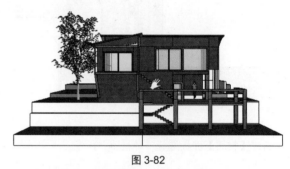

图 3-82

02 单击并向竖直方向平移，如图 3-83 所示。

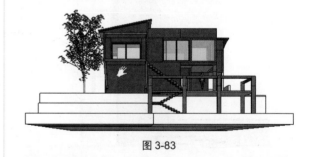

图 3-83

技术要点：
在使用【环绕观察】工具时，可按住鼠标左键+Shift 键，进行平移相机观察。

【缩放】工具主要用于对模型视图进行放大或缩小操作，以方便观察视图。此工具等同于滚动鼠标滚轮来缩放视图的功能。

实例：缩放视图

01 打开本例源文件"别墅模型 2.skp"。

02 选择【缩放】工具 🔍，单击并向上移动鼠标即可放大视图，如图 3-84 所示；单击并向下移动鼠标即可缩小视图，如图 3-85 所示为缩小视图的状态。

图 3-84

图 3-85

实例：缩放窗口

【缩放窗口】工具可以对模型视图的某一特定部分进行放大观察。

01 使用上一例的别墅模型继续操作。选择【缩放窗口】工具 🔍，单击并在模型窗户的周围绘制一个矩形缩放区域，如图 3-86 所示。

图 3-86

02 随后将放大显示矩形区域中的视图内容，以便清晰地观察窗户内的场景，如图 3-87 所示。

图 3-87

3.4.4　【上一视图】工具

单击【上一视图】工具 🔍，可返回上一次视图操作后状态。此工具并非重新返回上一次的编辑操作，只对模型视图的状态有效。

3.4.5　【充满视窗】工具

选择【充满视窗】工具 ✖，可以把当前场景中的所有模型对象充满视窗显示，如图 3-88 所示。

> **技术要点：**
> 当使用鼠标滚轮进行视图缩放时，鼠标指针的位置决定缩放的中心；当使用鼠标左键进行视图缩放时，屏幕的中心决定缩放的中心。

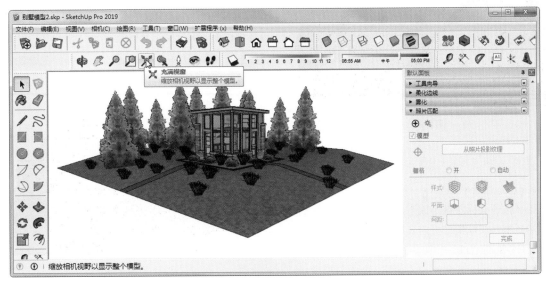

图 3-88

3.4.6　【定位相机】工具

　　使用【定位相机】工具可以将相机置于特定的视角，以查看模型的视线或在视图中漫游。下面介绍两种定位相机来观察模型视图的方法。第一种方法是将相机置于某一特定点上方的视线高度处；第二种方法是将相机置于某一特定点，且面向特定方向。

实例：【定位相机】工具的使用方法一

01 打开本例源文件"别墅模型 3.skp"。

02 选择【定位相机】工具 ♀，鼠标指针变成 ♀。此时在测量文本框中显示当前相机的【高度偏移】默认值，然后在视图中的某个位置单击定位相机，如图 3-89 所示。

图 3-89

03 定位相机后，鼠标指针变成 👁，表示正在查看模型，如图 3-90 所示。

图 3-90

实例：定位相机工具的使用方法二

01 选择【定位相机】工具 ♀，鼠标指针在视图中某个位置单击（按住鼠标左键不放），以确定相机观察的目标点，然后拖动鼠标指针指向视线观察起点，这时产生的虚线就是模拟的视线，如图 3-91 所示。

02 释放鼠标键，以当前视线查看模型，如图 3-92 所示。

图 3-91

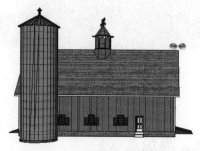

图 3-92

> **技术要点：**
> 　　如果在平面视图放置相机，视图方向会默认为屏幕上方，即正北方向。使用【卷尺】工具和【量角器】工具可以将平行构造线拖离边线，这样可以实现准确的相机定位。

3.4.7　【绕轴旋转】工具

　　使用【绕轴旋转】工具可以围绕固定的点移动相机，类似让一个人站立不动，然后观察四周，即向上、下（倾斜）和左右（平移）观察。这在观察空间内部或在使用【定位相机】工具后评估可见性时尤其有用。

实例：绕轴旋转观察模型

01 使用前一案例的别墅模型。

02 选择【绕轴旋转】工具 👁，鼠标指针变成眼睛形状。单击并上移或下移视图可斜视观察模型，如图 3-93 所示。

图 3-93

03 单击并向右或向左移动视图可水平观察模型，如图 3-94 所示。

图 3-94

技术要点：
在使用【定位相机】工具时，【绕轴旋转】工具就被自动激活了。在观察时，可以配合【缩放】工具、【环绕观察】工具使用。

3.4.8 【漫游】工具

【漫游】工具可以穿越模型，就像正在模型中行走，特别是【漫游】工具会将相机固定在某一特定高度，然后操纵相机观察模型四周，但【漫游】工具只能在透视图模式下使用。

实例：模型视图的漫游

01 继续使用前一案例的别墅模型。

02 选择【漫游】工具 ，鼠标指针变成 （也就是漫游标记），如图 3-95 所示。

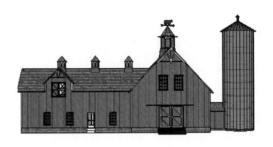

图 3-95

03 在视图中任意位置单击以确定漫游起点，单击并向前拖动，感觉就像一直往前走一样，直到离模型越来越近，释放鼠标确定漫游终点，如图 3-96 和图 3-97 所示。

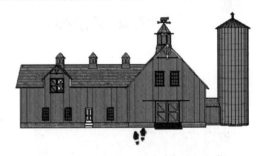

图 3-96

图 3-97

3.5 模型剖切

SketchUp 的截面工具又称剖切工具，主要用来控制截面效果，使用剖切工具可以很方便地对模型内部进行观察，减少编辑模型时需要隐藏组件的操作，如图 3-98 所示为【截面】工具栏。

图 3-98

在工具栏的空白区域右击，在弹出的快捷菜单中执行【截面】命令，即可调出【截面】工具栏。

实例：创建模型剖切

01 打开本例源文件"高层住宅 .skp"。

02 选择【剖切面】工具 ，弹出【放置剖切面】对话框。输入截面名称及符号后，单击【放置】按钮，如图 3-99 所示。

图 3-99

03 将剖切面放置在墙面上，如图 3-100 所示。

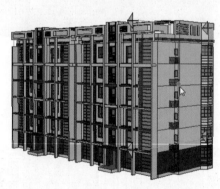

图 3-100

04 在墙面上单击，完成剖切面的添加操作，效果如图 3-101 所示。

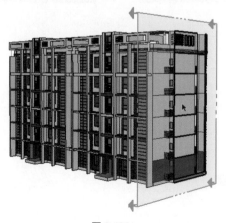

图 3-101

05 选中橙色的剖切面，随后呈蓝色高亮显示，如图 3-102 所示。

图 3-102

06 在工具集中选择【移动】工具 ，可以移动剖切面，从而观察建筑模型的内部结构，如图 3-103 所示。

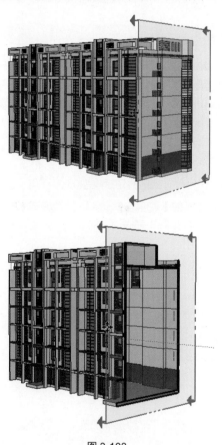

图 3-103

07 添加剖切面后如果再单击【显示剖切面】按钮 和【显示剖面切割】按钮 （默认情况下这两个按钮是默认按下的），将恢复到原始状态，不会显示剖切面与剖切效果。

08 单击【显示剖面切割】按钮 ，将显示剖切效果，如图 3-104 所示。

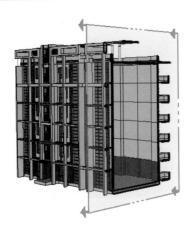 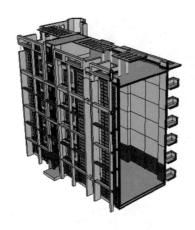

图 3-104

技术要点:

　　【剖切面】工具只是隐藏部分模型而不是删除模型,如果【剖切面】工具栏中所有的工具按钮都不选择,则可以恢复模型的完整显示状态。

3.6　图元对象的删除与擦除

　　在建模过程中总会碰到错误的操作或多余图元对象,可以利用【删除】工具或【擦除】工具进行移除操作。

3.6.1　对象的删除

　　下面对一个装饰品模型进行选中边线、选中面、删除边线、删除面等操作,从而详细了解【删除】工具的使用方法。

实例:删除对象

01 打开本例源文件"装饰品 .skp",这是一个装饰品模型,如图 3-105 所示。

图 3-105

技术要点:

　　选择【选择】工具并按住 Ctrl 键,可以选中多条线,若按 Ctrl+A 组合键可以选中整个场景中的模型。

02 选中模型的一条线,按 Delete 键删除,如图 3-106 所示。

图 3-106

03 选择中间的一个面,按 Delete 键删除,如图 3-107 所示。

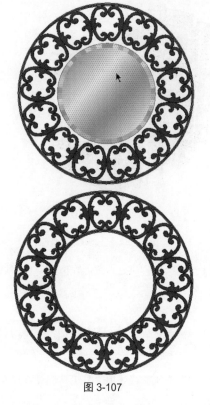

图 3-107

04 选中部分对象，执行【编辑】|【删除】命令，删除
所选的部分对象，如图 3-108 所示。

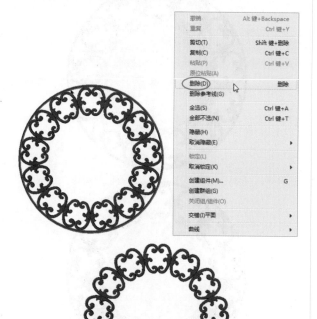

图 3-108

05 如果想撤销删除操作，可以执行【编辑】|【还原】命令。

> **技术要点：**
> 　　按 Ctrl+A 组合键可以将当前所有模型全选，按 Delete
> 键可以删除选中的模型、面或线，按 Ctrl+Z 组合键可以返回
> 上一步操作。

3.6.2　擦除工具

　　【擦除】工具又称【橡皮擦】工具，主要是将模型
不需要的部分删除，但无法删除平面。

实例：擦除对象

01 打开本例源文件"装饰画 .skp"，这是一个装饰画模
型，如图 3-109 所示。

图 3-109

02 在工具集中选择【擦除】工具 ，鼠标指针变成【擦
除】工具形状,选取要擦除的模型的边线,如图 3-110 所示。

图 3-110

03 随后自动擦除线和面，擦除效果与之前利用 Delete

键删除类似，如图 3-111 所示。

04 若按住 Shift 键进行擦除，将不会删除线，仅是隐藏边线，如图 3-112 所示。

图 3-111

图 3-112

> **技术要点：**
>
> 　　选择【擦除】工具 并按住 Ctrl 键，可以软化边缘，选择【擦除】工具 并同时按住 Ctrl+Shift 组合键，可以恢复软化边缘，
> 按 Ctrl+Z 组合键可以恢复操作。

第 4 章

模型创建与编辑

第 3 章学习了 SketchUp 的辅助设计功能，本章学习 SketchUp 模型创建与编辑功能，主要介绍如何利用绘图工具创建不同的模型，并利用编辑工具对模型进行相应编辑的方法。

知识要点

✦ 形状绘图
✦ 利用编辑工具建立基本模型
✦ 模型布尔运算
✦ 组织模型
✦ 照片匹配建模
✦ 模型的柔化边线处理

4.1 形状绘图

SketchUp 的形状绘图工具均放置在工具集或【绘图】工具栏中，其中包括【直线】工具、【矩形】工具、【圆】工具、【圆弧】工具、【手绘线】工具、【多边形】工具等，如图 4-1 所示。

图 4-1

4.1.1 【直线】工具

使用【直线】工具可以绘制出直线段和封闭的多边形，当多条直线封闭后，系统会自动形成一个面。利用【直线】工具也可拆分面或复原删除的面。

实例：绘制直线

利用【直线】工具绘制一条简单的直线。

01 选择【直线】工具 ✎，此时鼠标指针变成铅笔，在绘图区中任意位置单击以确定直线起点，拖动鼠标拉出直线，在其他位置单击来确定直线的第二点，如图 4-2 所示。

图 4-2

02 如果想精确绘制直线，确定直线方向后可在测量文本框中输入数值，此时测量文本框显示"长度"名称，如输入 300 并按 Enter 键结束操作，如图 4-3 所示。

长度 300

图 4-3

03 默认情况下，如果不结束绘制操作，将会继续绘制连续的直线。

实例：绘制封闭面

如果利用【直线】工具绘制封闭的多边形，系统会自动填充封闭区域并创建一个面。

01 选择【直线】工具 ✐，在绘图区中确定直线起点。

02 拖动鼠标，依次确定第二点、第三点和第四点，即可画出一个三角形面，如图 4-4 所示。

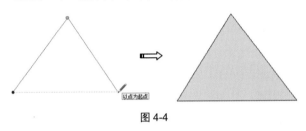

图 4-4

技术要点：

面可以删除，封闭的多边形会保留。若删除某条直线，面也会随之删除。

03 如果连续的直线没有形成封闭的状态，则不能形成封闭面，如图 4-5 所示。

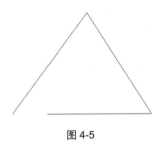

图 4-5

实例：拆分直线

利用【拆分】工具可以将一条直线拆分成多段，下面举例说明。

01 选择【直线】工具 ✐，画出一条直线。选中该直线并右击，在弹出的快捷菜单中执行【拆分】命令，如图 4-6 所示。

图 4-6

02 此时直线中会预览显示分段点，如果鼠标指针在直线中间，仅将产生一个分段点，若移动鼠标指针会产生多个分段点，如图 4-7 所示。

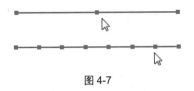

图 4-7

03 还可以在绘图区底部的测量文本框中输入数值，从而精确控制分段。如输入 5，则直线直接被拆分成 5 段，按 Enter 键结束操作，如图 4-8 所示。

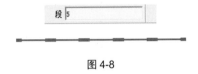

图 4-8

实例：拆分面

当绘制封闭直线并自动填充区域后，可以将一个面拆分为多个面。

01 选择【直线】工具 ✐，绘制一个封闭的矩形面，如图 4-9 所示。

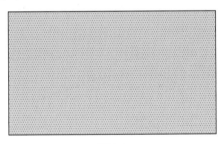

图 4-9

02 选择【直线】工具 ✐，在面上绘制一条直线，可将矩形面拆分成两个面，如图 4-10 所示。

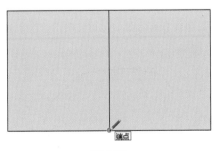

图 4-10

03 同理，继续绘制直线，可以将面拆分成更多小面，如图 4-11 所示。

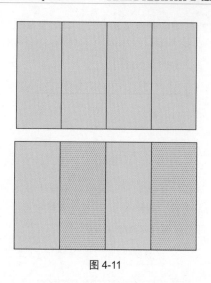

图 4-11

4.1.2 【手绘线】工具

使用【手绘线】工具，可以绘制不规则平面曲线和3D 空间曲线。曲线模型由多条连接在一起的线段构成，这些曲线可以用于定义和分割平面。曲线可以用来表示等高线地图或其他有机形状中的等高线。

实例：手绘曲线

01 选择【手绘线】工具 ✍，鼠标指针变为一支带曲线的笔。在绘图区中任意位置单击确定曲线起点，单击并拖曳即可绘制出不规则曲线，如图 4-12 所示。

图 4-12

02 当起点与终点重合时，即可绘制出一个封闭的面，如图 4-13 所示。

图 4-13

4.1.3 矩形工具

利用【矩形】工具或【旋转矩形】工具可以绘制平面矩形，还可以绘制倾斜矩形。矩形本身就是封闭的，所以绘制矩形后将会自动填充矩形区域并形成面。

⚠ 技术要点：

本章及后面章节中，有时将"绘制矩形"描述为"绘制矩形面"，或者将"绘制圆"描述为"绘制圆形"或"绘制圆形面"，这是考虑到各案例中的实际需要。

实例：绘制矩形

利用【矩形】工具绘制一个矩形，操作步骤如下。

01 选择【矩形】工具 ▣，鼠标指针变成一支带矩形的笔。在绘图区中确定矩形两个对角点的位置，即可完成矩形的绘制，如图 4-14 所示。

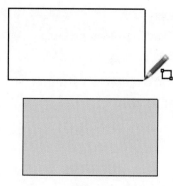

图 4-14

02 在绘制矩形的过程中若出现"黄金分割"的提示时，说明绘制的是符合黄金分割比例的矩形，如图 4-15 所示。

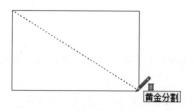

图 4-15

03 也可以在测量文本框中输入 500,300，按 Enter 键可以精确绘制矩形，如图 4-16 所示。

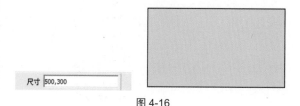

图 4-16

技术要点：

　　如果输入负值（-100,-100），SketchUp 将把负值应用到与绘图方向相反的方向，并在这个新方向上应用新的值。

04 当在确定矩形的第二对角点过程中，若出现一条对角虚线并在鼠标指针位置显示"正方形"时，那么，所绘制的矩形就是正方形，如图 4-17 所示。

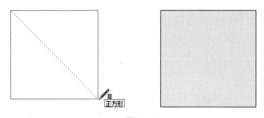

图 4-17

05 绘制矩形并自动填充区域后，可以删除面，仅保留矩形的线，如图 4-18 所示。但是，如果删除一条矩形上的线，那么矩形面就不存在了，因为封闭的线变成了开放的线。

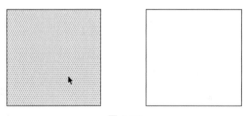

图 4-18

实例：绘制倾斜的矩形

　　利用【旋转矩形】工具 ▤ ，可以绘制倾斜的矩形。

01 选择【旋转矩形】工具 ▤ ，鼠标指针位置显示量角器，用于确定倾斜的角度，如图 4-19 所示。

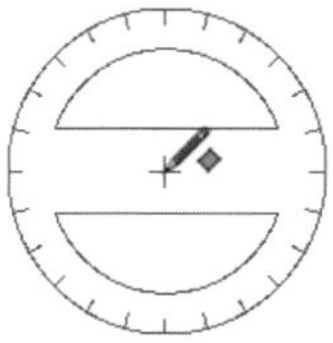

图 4-19

02 在绘图区中单击确定矩形的第一个角点，接着绘制一条斜线以确定矩形的一条边，如图 4-20 所示。

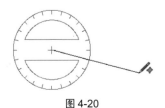

图 4-20

03 沿着斜线的垂直方向拖动，以确定矩形的垂直边长，单击即可完成斜矩形的绘制，如图 4-21 所示，按 Enter 键结束绘制。

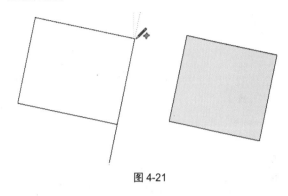

图 4-21

4.1.4　【圆】工具

　　圆可以看成是由无数条边构成的多边形。SketchUp 中绘制圆，默认的边数为 24，可以通过修改边数来绘制正多边形。

实例：绘制圆

01 选择【圆】工具 ⬤ ，这时鼠标指针变成圆形和笔，如图 4-22 所示。

02 在绘图区中坐标轴原点位置单击以确定圆心，拖动并在任意位置单击即可画出一个相应半径的圆，如图 4-23 所示。

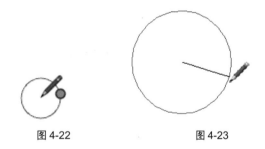

图 4-22　　　　　　　　　　图 4-23

03 若要精确绘制圆，可在测量文本框中输入半径值，如输入 3000 并按 Enter 键，则可画出半径为 3000mm 的圆，如图 4-24 所示。

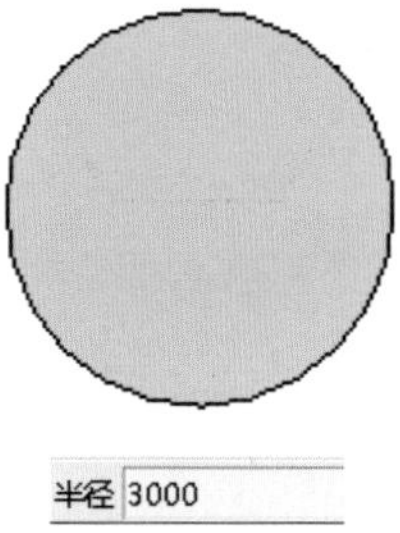

半径 3000

图 4-24

04 默认的圆边数为 24，减少边数可以变成多边形。当执行【圆】命令后，在测量文本框中输入边数 8 并按 Enter 键确认，随后即可绘制出正八边形，如图 4-25 所示。

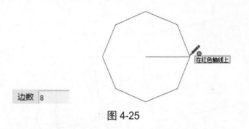

图 4-25

> **技术要点：**
> 在测量文本框中输入数值，并不需要在框内单击以激活文本框，事实上执行命令后直接利用键盘输入数值后，系统会自动将数值填入该框中。

4.1.5 【多边形】工具

使用【多边形】工具可绘制正多边形。

前面介绍了由圆变成正多边形的绘制方法。下面介绍外接圆多边形的绘制方法，系统默认的多边形为六边形。

实例：绘制正多边形

01 选择【多边形】工具 ，鼠标指针变成多边形和笔。在绘图区中单击确定画多边形的中心点，如图 4-26 所示。

图 4-26

02 单击并向外拖动，以确定多边形的大小，或者在测量文本框中输入精确值来确定多边形的内切圆半径，按 Enter 键多边形绘制完成，如图 4-27 所示。

图 4-27

4.1.6 绘制圆弧

圆弧是圆上的某一段弧，圆弧工具主要用于绘制圆

弧实体。SketchUp 提供了 4 种圆弧的绘制工具，下面详解。

实例："从中心和两点"绘制圆弧

"从中心和两点"方式是以圆弧中心及圆弧的两个端点来确定圆弧位置和大小。

01 选择【圆弧】工具 ，此时鼠标指针变成量角器和笔。在任意位置单击来确定圆弧的圆心。

02 单击拖动拉长虚线可以指定圆弧的半径，或者在测量文本框中输入长度值（即半径值），如 2000 并按 Enter 键确认，即可确定圆弧的起点，如图 4-28 所示。

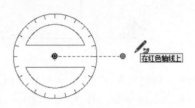

图 4-28

03 单击拖动绘制圆弧，如果要精确控制圆弧的角度，在测量文本框中输入角度值 90（确定终点）并按 Enter 键，即可完成 90°角圆弧的绘制，如图 4-29 所示。

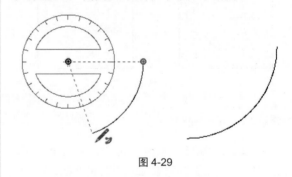

图 4-29

实例："根据起点、终点和凸起部分"绘制相切圆弧

根据起点、终点和凸起部分来绘制两段圆弧相切的效果。

01 选择【圆弧】工具 ，先任意绘制一段圆弧。

02 单击 按钮，指定第一段圆弧的终点为现圆弧的起点，向上拖动鼠标，当预览显示为一条浅蓝色圆弧时，说明两圆弧已相切，再单击确定圆弧的终点，如图 4-30 和图 4-31 所示。

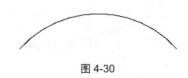

图 4-30

图 4-31

03 拖动鼠标，当圆弧再次显示为浅蓝色时，说明已经捕捉到圆弧的中点，单击即可完成相切圆弧的绘制，如图 4-32 所示。

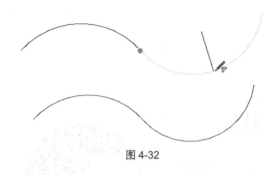

图 4-32

实例："以 3 点画弧"绘制圆弧

【以 3 点画弧】工具 🔗 是以依次确定圆弧起点、中点（圆弧上一点）和终点的方式来绘制圆弧的，如图 4-33 所示。

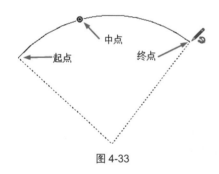

图 4-33

实例：绘制扇形

选择【扇形】工具 🔗，可以"以圆心和圆弧起点及终点"的方式来绘制扇形面，如图 4-34 所示。绘制方法与"从中心和两点"绘制圆弧的方法相似。

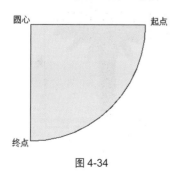

图 4-34

实例：绘制太极八卦图案

本案例主要使用【直线】工具、【圆弧】工具、【圆】工具及【推 / 拉】工具进行模型图案的绘制，如图 4-35 所示为最终效果图。

图 4-35

> 📁 结果文件：\Ch04\ 绘制太极八卦图案 .skp
> 视频：\Ch04\ 绘制太极八卦图案 .wmv

01 选择【圆弧】工具 ，绘制一段长为 1000mm、弧高为 500mm 的圆弧（通过测量文本框输入精确值来绘制），如图 4-36 所示。

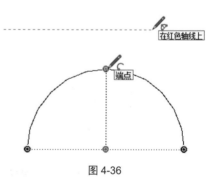

图 4-36

02 绘制相切圆弧，其距离及弧高参数与第一段圆弧相同，绘制结果如图 4-37 所示。

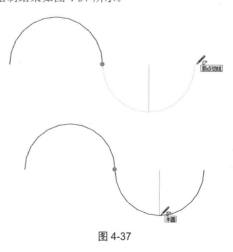

图 4-37

03 选择【圆】工具 🔘，沿圆弧中心绘制一个圆面（边数为 36），使其被圆弧分割成两个面，如图 4-38 所示。

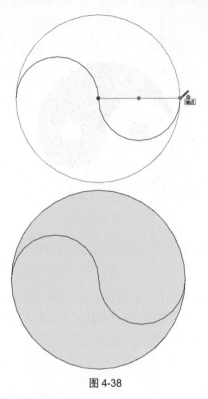

图 4-38

04 选择【圆】工具 🔘，分别在两个圆弧中心位置绘制两个半径为 150mm 的小圆，如图 4-39 所示。

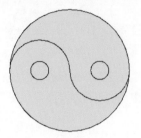

图 4-39

05 单击【材质】按钮 🔘，在【材质】面板中选择黑色和白色填充面，效果如图 4-40 所示。

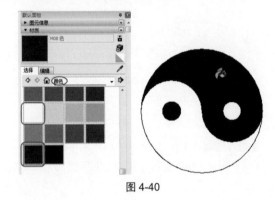

图 4-40

4.2　利用编辑工具建立基本模型

SketchUp 的编辑工具包括【移动】工具、【推/拉】工具、【旋转】工具、【路径跟随】工具、【缩放】工具和【偏移】工具。如图 4-41 所示为包含这些编辑工具的【编辑】工具栏。

图 4-41

4.2.1　【移动】工具

利用【移动】工具可以完成对象的移动和复制。

实例：利用【移动】工具复制模型

【移动】工具可以复制出单个或者多个模型，操作步骤如下。

01 打开本例源文件"树 .skp"。

02 选中树模型，如图 4-42 所示。在工具集中选择【移动】工具 ✛，同时按住 Ctrl 键，此时鼠标指针多了一个 + 号，单击并拖动复制出副本对象，如图 4-43 所示。

图 4-42

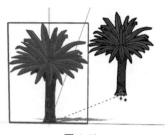

图 4-43

03 选中模型并按住 Ctrl 键拖动，复制出多个副本对象，如图 4-44 所示。

图 4-44

04 按 Enter 键完成移动复制操作，复制效果如图 4-45 所示。

图 4-45

实例：复制等距模型

复制等距模型主要是利用测量文本框精确复制出等距模型。

01 当复制好一个模型后，在测量文本框中输入 /10，按 Enter 键确认操作，即可在源模型和副本模型之间复制出 10 个距离相等的模型，如图 4-46 和图 4-47 所示。

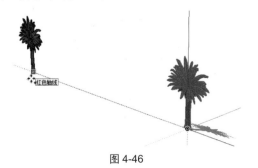

图 4-46

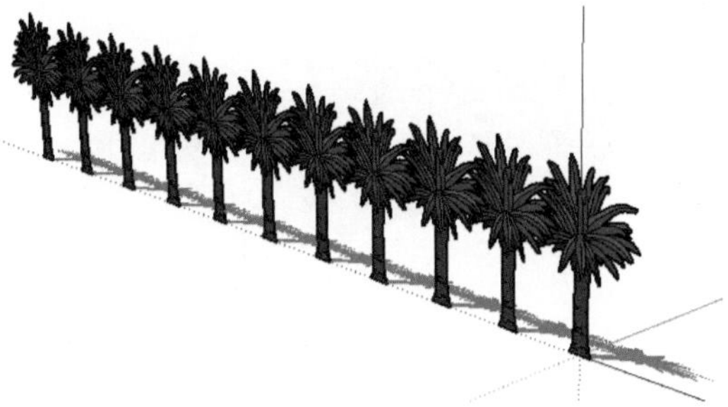

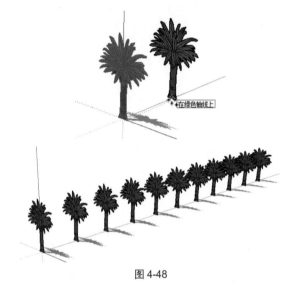

图 4-47

02 如果在测量文本框中输入 *10，按 Enter 键确认操作，即可复制出同等距离的 10 个副本模型，如图 4-48 所示。

图 4-48

技术要点：

复制同等比例模型，在创建包含多个相同项目的模型（如栅栏、桥梁和书架）时特别有用，因为柱子或横梁以等距离间隔排列。

4.2.2　【推 / 拉】工具

利用【推 / 拉】工具可以将不同形状的二维平面（圆、矩形、抽象平面）推或拉成三维几何体模型。值得注意的是，这个三维几何体并非实体，内部无填充物，仅是封闭的曲面而已。一般来说，"推"能完成布尔减运算并创建出凹槽，"拉"可以创建出凸台。

实例：推 / 拉出几何体

下面以创建一个园林景观中的石阶模型为例，详细讲解推 / 拉出三维模型的方法。

01 选择【矩形】工具 ，在绘图区中绘制一个矩形面（在测量文本框中输入 2400,1200 后按 Enter 键确认），如图 4-49 所示。

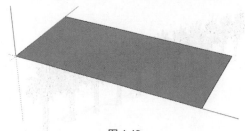

图 4-49

02 选择【直线】工具 ✏，并以捕捉中心点的方式拆分矩形面，如图 4-50 所示。

图 4-50

03 选择【推 / 拉】工具 ♦，选取拆分后的一个面，向上拉出 150mm 的距离（在测量文本框中输入 150 并按 Enter 键确认），得到第一步石阶，如图 4-51 所示。

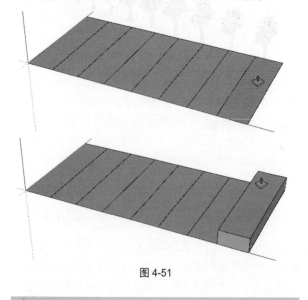

图 4-51

技术要点：
将一个面推拉一定的高度后，如果在另一个面上双击，则该面将推拉出同样的高度。

04 同理，再选择其他拆分的矩形面依次进行推拉操作，每一步的高度差为 150mm，拉出所有石阶，创建石阶后将侧面的直线删除，如图 4-52 所示。

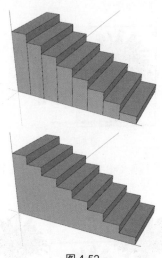

图 4-52

05 单击【材质】按钮 🐾，为石阶填充适合的材质，效果如图 4-53 所示。

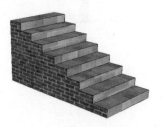

图 4-53

技术要点：
【推 / 拉】工具只能在平面上操作，因此不能在"线框显示"样式下工作。

实例：创建放样模型

由于 SketchUp 中没有"放样"工具，无法创建出如图 4-54 所示的放样几何体，因此，可以利用"【移动】命令 +Alt 键"的方式创建放样几何体。

下面利用【推 / 拉】工具和【移动】工具，创建一个放样模型。

01 选择【圆】工具 ●，绘制一个半径为 5000mm 的圆面，如图 4-54 所示。

图 4-54

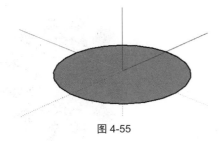

图 4-55

02 选择【多边形】工具 🔵，捕捉到圆面的中心点作为圆心，绘制出半径为6000mm的正六边形，如图4-56所示。

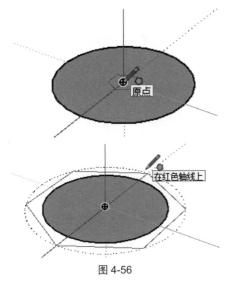

图 4-56

03 选中正六边形（不要选择正六边形面），然后选择【移动】工具 ✛，并捕捉到其圆心作为移动起点，如图4-57所示。

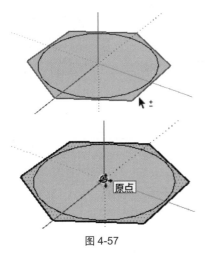

图 4-57

04 按住 Alt 键沿着 Z 轴拖动鼠标指针，可以创建出如图4-58所示的放样几何体形状。

05 选择【直线】工具 ✏ 绘制多边形面，将上方的洞口封闭，形成完整的几何体模型，如图4-59所示。

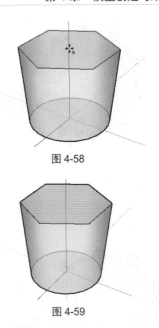

图 4-58

图 4-59

4.2.3　【旋转】工具

使用【旋转】工具可以以任意角度来旋转截面以创建几何体对象，在旋转的同时还可以创建副本对象。

实例：创建模型的旋转复制

01 打开本例源文件"中式餐桌 .skp"，几何体模型如图4-60所示。

图 4-60

02 选中要旋转的模型——餐椅，然后选择【旋转】工具 ♻，将量角器放置在餐桌的中心点上（即确定角度顶点），如图4-61和图4-62所示。

图 4-61

图 4-62

03 放置量角器后向右水平拖出一条角度测量线，在合适位置单击确定测量起点，按住 Ctrl 键进行旋转，可以看到即将旋转复制的对象，如图 4-63 和图 4-64 所示。

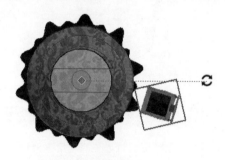

图 4-63

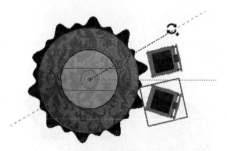

图 4-64

04 在测量文本框中输入角度值 30 并按 Enter 键确认，接着再输入"*12"并按 Enter 键确认，则表示以当前角度作为参考复制出相等角度的 12 个模型，如图 4-65 和图 4-66 所示。

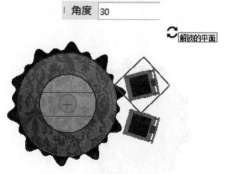

图 4-65

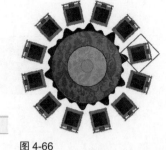

图 4-66

4.2.4 【路径跟随】工具

使用【路径跟随】工具可以沿一条曲线路径扫描截面，从而创建出扫描模型。

实例：创建圆环

01 选择【圆】工具 ⬤，绘制一个半径为 1000mm 的圆面，如图 4-67 所示。

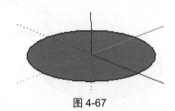

图 4-67

02 选择【视图】工具栏中的【前视图】工具 ⌂，切换视图到前视图。选择【圆】工具 ⬤，在圆的象限点上绘制一个半径为 200mm 的小圆面，形成扫描截面，如图 4-68 和图 4-69 所示。

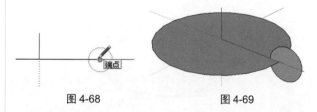

图 4-68   图 4-69

> 💡 **技术要点：**
>
> 目前 SketchUp 中没有切换视图的快捷键，绘图时会有不便之处，但可以自定义快捷键，具体方法是：在菜单栏中执行【窗口】|【系统设置】命令，打开【SketchUp 系统设置】对话框。进入【快捷方式】设置页面，在【功能】列表中找到【相机（C）/ 标准视图（S）/ 等轴视图（I）】选项，并在【添加快捷方式】文字框中输入 F2 或者按 F2 键后，单击 ⊞ 按钮添加快捷方式，如图 4-70 所示。其余的视图也按此方法依次设定为 F3、F4、F5、F6、F7 和 F8。可以将设置的结果导出，便于重装软件后再次使用该设置文件，最后单击【确定】按钮完成快捷方式的定义。

图 4-70

03 先选择大圆的面或大圆的边线（作为路径），接着单击【路径跟随】按钮 ，再选择小圆的面作为扫描截面，如图 4-71 和图 4-72 所示。

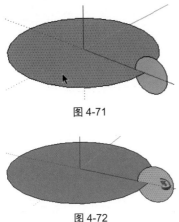

图 4-71

图 4-72

04 此时系统自动创建出扫描几何体，并将中间的面删除，得到的圆环效果如图 4-73 所示。

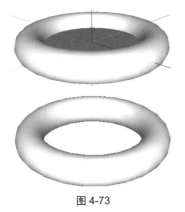

图 4-73

实例：创建球体

下面利用【路径跟随】工具创建一个球体。

01 选择【圆】工具 ，在默认的等轴视图中的坐标系中心点绘制一个半径为 500mm 的圆面，如图 4-74 所示。

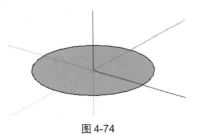

图 4-74

02 按 F4 键切换到前视图（注意，按照前面介绍的快捷方式设置方法先设置好快捷键才能使用此功能），绘制一个半径为 500mm 的圆面，此圆与第一个圆的圆心重合，如图 4-75 所示。

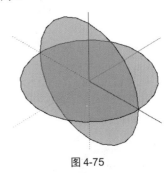

图 4-75

03 选择第一个圆面作为扫描路径，单击【路径跟随】按钮 ，选择第二个圆面作为扫描截面，随后系统自动创建一个球体，如图 4-76 所示。

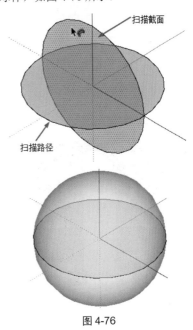

扫描截面

扫描路径

图 4-76

4.2.5 【缩放】工具

使用【缩放】工具可以对模型进行等比例或非等比例缩放，配合 Shift 键可以切换等比例和非等比例缩放，配合 Ctrl 键将以中心为轴进行缩放。

实例：模型的缩放

本例对一个凉亭模型进行缩放操作，可以自由缩放，也可按比例进行缩放，从而改变当前模型的结构。

01 打开本例源文件"凉亭 .skp"。

02 框选全部的凉亭组件，选择【缩放】工具 ，显示缩放控制框，如图 4-77 所示。

图 4-77

03 在控制框中任意单击一个控制点，沿着轴线拖动鼠标进行缩放操作，如图 4-78 所示。

图 4-78

04 在轴线上的某个位置单击，即可完成对象的缩放操作，如图 4-79 所示。

图 4-79

05 利用同样的方法可以拖动其他控制点来缩放对象，最后的缩放效果如图 4-80 所示。

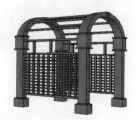

图 4-80

4.2.6 【偏移】工具

创建 3D 模型时，通常需要参考一个模型形状来绘制稍大或稍小的形状，并使两个形状保持等距，这样的操作称为"偏移"，SketchUp 中的【偏移】工具就是用来进行偏移的工具。

实例：创建模型的偏移

01 打开本例源文件"花坛模型 .skp"，如图 4-81 所示。

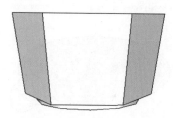

图 4-81

02 选择【偏移】工具 ，选择要偏移的边线，如图 4-82 所示。

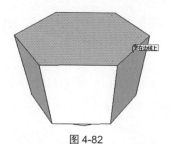

图 4-82

03 向内拖动鼠标偏移复制出一个面，如图 4-83 所示。

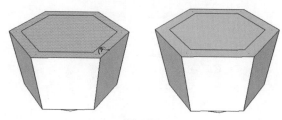

图 4-83

04 选择【推/拉】工具 ◆，对偏移复制的面进行推拉操作，推出一个凹槽，如图 4-84 所示。

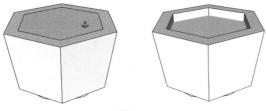

图 4-84

05 单击【材质】按钮 ◎，为创建的花坛赋予适合的材质，如图 4-85 所示。

图 4-85

实例：创建雕花图案

本例将导入一张 CAD 雕花图纸，并制作雕花模型，如图 4-86 所示为完成后的效果图。

图 4-86

源文件：\Ch04\ 雕花图纸 .dwg
结果文件：\Ch04\ 创建雕花图案 .skp
视频：\Ch04\ 创建雕花图案 .wmv

01 执行【文件】|【导入】命令，弹出"打开"对话框，在"文件类型"下拉列表中选择"AutoCAD 文件（*.dwg，*.dxf）"选项，选择要打开的图纸文件，单击"打开"按钮后弹出"导入结果"对话框，如图 4-87 和图 4-88 所示。

图 4-87

图 4-88

02 单击【关闭】按钮，导入图案如图 4-89 所示。

图 4-89

03 选择【直线】工具 ✐，在图案内部依次绘制多条直线，以创建图案填充，如图 4-90 所示。

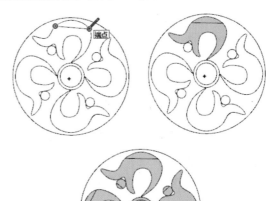

图 4-90

04 删除绘制的直线，如图 4-91 所示。

图 4-91

05 同理，参考大圆绘制一条直线从而填充大圆，并将直线删除，效果如图 4-92 所示。

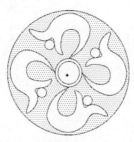

图 4-92

06 选择【偏移】工具 ，将大圆向外偏移 1000mm 并复制，如图 4-93 所示。

图 4-93

07 选择【推 / 拉】工具 ，将内部花形图案和 4 个圆向上拉出 2000mm，如图 4-94 所示。

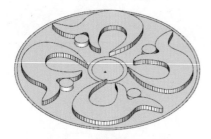

图 4-94

08 选取大圆和偏移复制的圆，向下统一拉出 1000mm 形成台阶，如图 4-95 所示。

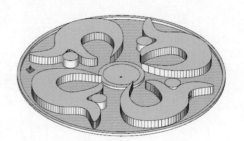

图 4-95

09 选择【推 / 拉】工具 ，将中间的两个圆分别拉出 2000mm 和 1000mm，如图 4-96 所示。

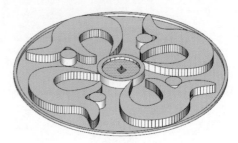

图 4-96

10 选中模型，执行【窗口】|【柔化边线】命令，通过【柔化边线】面板对边线进行柔化，结果如图 4-97 所示。

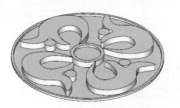

图 4-97

> **技术要点：**
> 创建复杂图案的封闭面时，需要操作时有足够的耐心，描边时要仔细，只要一条线没有连接上，就无法创建一个面。遇到无法创建面的情况时，可以尝试将导入的直线删掉，直接重新绘制并连接即可。

4.3 组件与群组

在 SketchUp 中经常会出现两个几何体粘到一起的现象，为了避免这种情况的发生，可以创建组件或群组。而且，创建组件或群组后，SketchUp 的图层系统可以提供近似 AutoCAD 的图层功能，提高重新作图与模型变换操作的效率。

4.3.1 创建组件

组件就是将场景中的多个几何体对象（指点、线、面）组合成类似"实体"的集合，也就是 AutoCAD 中的图块。使用组件可以方便地重复使用已有图面中的部分文件，它们具有关联功能，在绘图区中放置组件后，其中一个组件如果被修改，其他相同组件的所有副本都会同步更改，这样，模型内标准单元的编辑就变得简单了。

技术要点：

实体内部是有填充物的，而这个组件"实体"只是一个几何对象的集合，内部为空心没有填充物。也可以将独立几何体对象与组件一起再组合成组件。

将几何对象转为组件时，集合对象具有以下行为与功能。

✦ 组件是可重用的。

✦ 组件几何体与其当前连接的任何几何体是分离的（类似群组）。

✦ 无论何时编辑组件都可以编辑组件实例或定义。

✦ 如果愿意，可以使组件粘贴到特定平面（通过设置其粘合平面）或在面上切割一个孔（通过设置其切割平面）。

✦ 可以将元数据（例如高级属性和 IFC 分类类型）与组件相关联。对象分类引入了分类系统，以及如何将它们与 SketchUp 组件一起使用。

技术要点：

在创建组件之前，需要确保它与绘图轴对齐，并以相应使用该组件的方式连接到其他几何体。如果希望组件具有粘合平面或切割平面，则此问题尤为重要，因为这样可确保组件以期望的方式粘贴到平面或切割面。

实例：创建组件

01 打开本例源文件"盆栽 .skp"，文件中的盆栽模型如图 4-98 所示。

图 4-98

02 选择【选择】工具，框选模型中所有对象，如图 4-99 所示。

图 4-99

03 在工具集中选择【制作组件】工具，弹出【创建组件】对话框，如图 4-100 所示。

图 4-100

04 在【创建组件】对话框的"定义"文本框中输入名称，如图 4-101 所示。

图 4-101

05 单击"创建"按钮创建一个盆栽组件，如图 4-102 所示。

图 4-102

4.3.2　创建群组

"群组"可以将多个组件或者组件与几何体组织成一个整体，群组与组件类似。

群组可以迅速创建，并且能够进行内部编辑，也可以嵌套，更可以在其他的群组或组件内进行编辑。

群组有以下优点。

✦ 快速选择：选择一个群组时，群组内所有的元素都将被选中。

✦ 几何体隔离：群组可以使其中的几何体和模型的其他几何体分隔开，这意味着进行群组操作后不会被其他几何体修改。

✦ 帮助组织模型：可以把几个群组再编为一个大的群组，创建一个分层级的群组。

✦ 改善性能：用群组来划分模型，可以使 SketchUp 更有效地利用计算机的资源更快地绘图和刷新显示。

✦ 组的材质：分配给群组的材质会被群组内使用默认材质的几何体继承，而指定了其他材质的几何体则保持不变。这样就可以快速给某些特定的表面上色了（炸开群组，可以保留替换后的材质）。

创建群组的过程非常简单，在图形区内将要创建群组的对象（包括组件、群组或几何体）选中，执行【编辑】|【创建群组】命令，或者在图形区右击，在弹出的快捷菜单中执行【创建群组】命令，即可创建群组。

4.3.3　组件、群组的编辑方法

当创建组件或群组后，可以进行编辑、炸开或分离操作。

1. 编辑组件或群组

当集合对象为组件时，可以选中该对象并右击，在弹出的快捷菜单中执行【编辑组件】命令，或者直接双击组件，即可进入组件编辑状态，如图 4-103 所示。

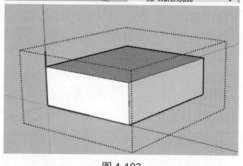

图 4-103

在编辑状态下，可以对几何体对象进行变换操作、应用材质和贴图及模型编辑等操作方法与创建组件之前是完全相同的。

同理，当集合对象为群组时，也可以编辑群组对象，操作过程和结果与组件是完全相同的，只是命令变成【编辑组】，如图 4-104 所示。

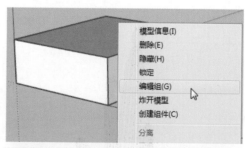

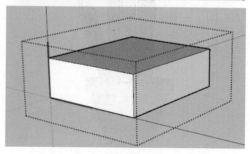

图 4-104

2. 炸开与分离

如果不需要组件或群组了，可以右击组件或群组对象，在弹出的快捷菜单中执行【炸开模型】命令，可撤销组件或群组。

"解除黏接"是针对组件而言的，当一个几何体进行操作时会影响其内部的组件时，可以将内部的这个组件分离出去，下面进行简单操作。

实例：炸开与解除黏接操作

01 选择【圆】工具 ，绘制一个圆，并在其内部绘制一个小圆，如图 4-105 所示。

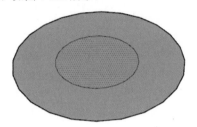

图 4-105

02 双击内部的小圆后右击，在弹出的快捷菜单中执行【创建组件】命令，将小圆单独创建为组件（实际上包含了圆和内部的圆面），如图 4-106 所示。

图 4-106

03 创建组件后会发现，当移动大圆时，小圆会一起移动，如图 4-107 所示。

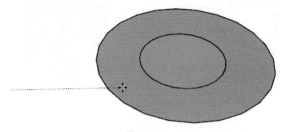

图 4-107

04 右击小圆组件，在弹出的快捷菜单中执行【炸开模型】命令或【解除黏接】命令，移除组件关系，如图 4-108 所示。

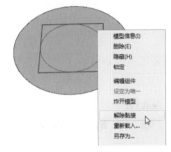

图 4-108

05 移动小圆，大圆不会跟随移动，如图 4-109 所示。

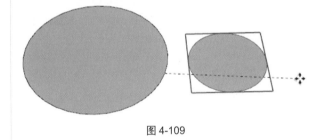

图 4-109

4.4　布尔运算

SketchUp 的布尔运算工具仅适用于"实体"，SketchUp 的"实体"指的是任何具有有限封闭体积的 3D 模型（组件或组），它不能有任何裂缝（平面缺失或平面间存在缝隙）。

默认情况下，利用【绘图】工具栏和【编辑】工具栏中的工具建立的几何体对象，仅是一个封闭的面组，还谈不上实体。例如，利用【圆】工具和【推 / 拉】工具建立的圆柱体，实际上是由 3 个面组连接而成的模型而已，每个面都是独立的，也是可以单独删除的。若要变成实体，只需要将这些面合并成"组件"或者"群组"，如图 4-110 所示。

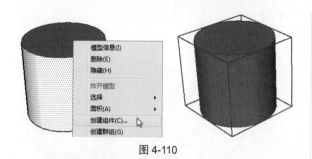

图 4-110

"实体工具"是用于实体之间的布尔运算工具,其中包括实体外壳工具、相交工具、联合工具、减去工具、剪辑工具和拆分工具,如图 4-111 所示为【实体工具】工具栏。

图 4-111

4.4.1 【实体外壳】工具

【实体外壳】工具用于删除和清除位于交叠组或组件内部的几何图形(保留所有外表面)。

实例:创建实体外壳

01 利用【圆】和【推 / 拉】工具绘制两个立方体,并先后创建为组件,如图 4-112 所示。

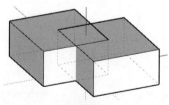

图 4-112

02 选择【实体外壳】工具 🔧,先选择第一个组件实体,再选择第二个组件实体,如图 4-113 所示。

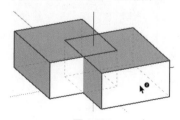

图 4-113

03 此时自动创建包容两个实体的外壳,如图 4-114 所示。

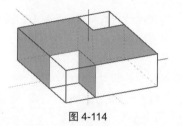

图 4-114

4.4.2 【相交】工具

SketchUp 中的相交是指某一组或组件与另一组或组件相交或交迭的几何图形,相交工具可以对一个或多个相交组或组件执行相交操作,从而仅产生相交部分的几何图形。

实例:创建相交

01 同样以两个立方体组件为例,在"后边线"样式下进行操作,如图 4-115 所示。

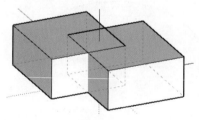

图 4-115

02 选择【相交】工具 🔧,先选择第一个组件实体,再选择第二个组件实体,此时自动创建相交部分的实体,如图 4-116 所示。

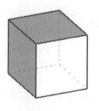

图 4-116

4.4.3 【联合】工具

SketchUp 中的联合是指,将两个或多个实体体积合并为一个实体体积。联合的结果类似实体外壳的结果,但是，联合的结果可以包含内部几何，而外壳的结果只能包含外部表面。

实例：创建联合

01 同样以两个立方体组件为例，在"后边线"样式下进行操作，如图 4-117 所示。

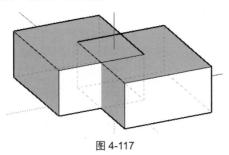

图 4-117

02 选择【联合】工具 ，先选择第一个组件实体，再选择第二个组件实体，此时两个实体组件自动合并为一个完整实体组件，如图 4-118 所示。

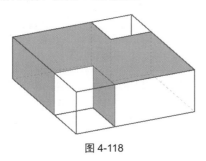

图 4-118

4.4.4 【减去】工具

【减去】工具可以将一个组或组件的交迭几何图形与另一个组或组件的几何图形进行合并，然后会从结果中删除第一个组或组件。该工具只能对两个交迭的组或组件执行减去操作，所产生的减去效果还要取决于组或组件的选择顺序。

实例：创建减去

01 同样以两个立方体组件为例，在"后边线"样式下进行操作，如图 4-119 所示。

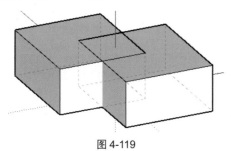

图 4-119

02 选择【减去】工具 ，先选择第一个组件实体（作为被减去部分），再选择第二个组件（作为主体对象），此时自动完成减去操作，如图 4-120 所示。

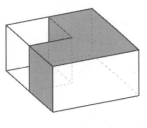

图 4-120

4.4.5 【剪辑】工具

【剪辑】工具可将一个组或组件的交迭几何图形与另一个组或组件的几何图形进行合并，但只能对两个交迭的组或组件执行剪辑。该工具与减去工具不同的是，第一个组或组件会保留在剪辑的结果中，所产生的剪辑结果还要取决于组或组件的选择顺序。

实例：创建剪辑

01 同样以两个立方体组件为例，在"后边线"样式下进行操作，如图 4-121 所示。

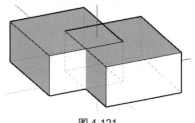

图 4-121

02 选择【剪辑】工具 ，先选择第一个组件实体（作为被剪辑对象），再选择第二个组件（作为主体对象），此时自动完成减去操作，如图 4-122 所示。

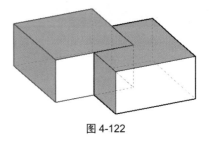

图 4-122

4.4.6 【拆分】工具

【拆分】工具可将交迭的几何对象拆分为三个部分。

实例：创建拆分

01 同样以两个立方体组件为例，在"后边线"样式下进行操作，如图 4-123 所示。

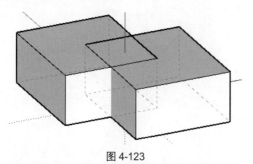

图 4-123

02 选择【拆分】工具 ，先选择第一个组件，再选择第二个组件，此时自动完成拆分操作，结果如图 4-124 所示。

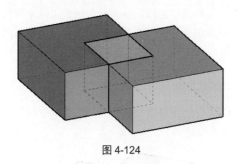

图 4-124

实例：创建圆弧镂空墙体

本例主要使用绘图工具和实体工具创建镂空墙体模型，如图 4-125 所示为最终完成的效果图。

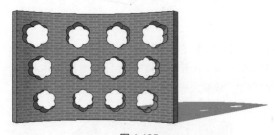

图 4-125

 结果文件：\Ch04\创建圆弧镂空墙体.skp
视频：\Ch04\创建圆弧镂空墙体.wmv

01 选择【圆弧】工具 ，绘制一段长为 5000mm，凸出部分为 1000mm 的圆弧，如图 4-126 所示。

图 4-126

02 绘制另一段圆弧并与之相连，如图 4-127 所示。

图 4-127

03 选择【直线】工具 ，绘制两条直线并打断面，且将多余的面删除，如图 4-128 和图 4-129 所示。

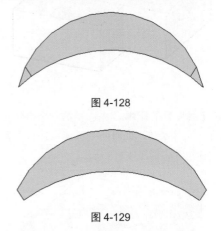

图 4-128

图 4-129

04 选择【推 / 拉】工具 ，将圆弧面向上拉出 3000mm，形成圆弧墙体，如图 4-130 所示。

05 选择【圆】工具 ，绘制一个半径为 300mm 的圆面，如图 4-131 所示。

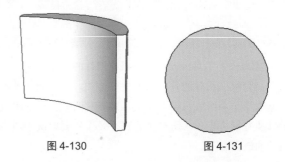

图 4-130

图 4-131

06 选择【圆弧】工具 ，沿圆面边缘绘制圆弧并与之相连。使用【旋转】工具将圆弧旋转复制，如图 4-132 和图 4-133 所示。

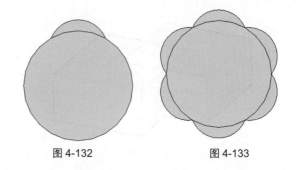

图 4-132

图 4-133

07 选择【擦除】工具 🧽 将圆面删除，如图 4-134 所示。

图 4-134

08 选择【推/拉】工具 📐 将形状推长 1500mm，如图 4-135 所示。

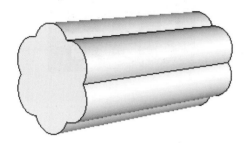

图 4-135

09 将墙体和形状分别选中并创建群组，如图 4-136 和图 4-137 所示。

图 4-136

图 4-137

10 使用【移动】工具 ✥ 将形状群组移到墙体上，如图 4-138 所示。

图 4-138

11 继续使用【移动】工具 ✥，按住 Ctrl 键，单击并拖曳复制形状，如图 4-139 所示。

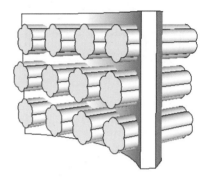

图 4-139

12 选择【缩放】工具 🔳，对复制的形状进行缩放操作，如图 4-140 所示。

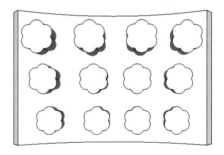

图 4-140

13 使用【减去】工具 🔳 选中第一个形状群组，如图 4-141 所示。

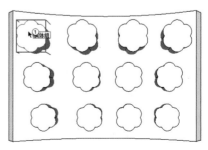

图 4-141

⎁4 选中第二个实体组，如图 4-142 所示。

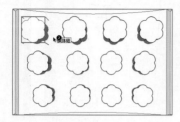

图 4-142

⎁5 此时，两个实体产生减去效果，如图 4-143 所示。

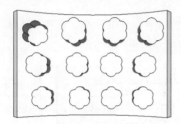

图 4-143

⎁6 利用同样的方法，依次对墙体和形状进行减去操作，形成镂空墙体，如图 4-144 所示。

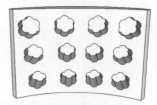

图 4-144

⎁7 对镂空墙体填充适合的材质，如图 4-145 所示。

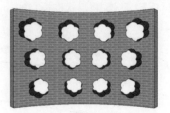

图 4-145

4.5 照片匹配建模

"照片匹配"功能可以将照片与模型相匹配，创建不同样式的模型。执行【窗口】|【默认面板】|【照片匹配】命令，打开【照片匹配】面板，如图 4-146 所示。

图 4-146

实例：照片匹配建模

下面以一张简单的建筑照片为例，进行照片匹配建模的操作。

源文件：\Ch04\ 建筑照片 .jpg
结果文件：\Ch04\ 照片匹配建模 .skp
视频文件：\Ch04\ 照片匹配建模 .wmv

⎁1 在【照片匹配】面板中单击 ⊕ 按钮，导入本例源文件夹中的"照片 .jpg"图像文件，如图 4-147 所示。

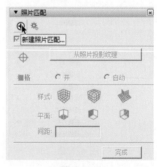

图 4-147

⎁2 调整红绿色轴 4 个控制点，右击，在弹出的快捷菜单中执行【完成】命令，此时鼠标指针变成一支笔，如图 4-148 所示。

图 4-148

图 4-148（续）

03 绘制模型轮廓，使其形成一个面，如图 4-149 所示。

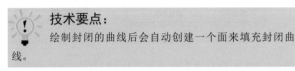

技术要点：

绘制封闭的曲线后会自动创建一个面来填充封闭曲线。

图 4-150

05 使用【直线】工具 将面封闭，这样就形成了一个简单的照片匹配模型，如图 4-151 所示。

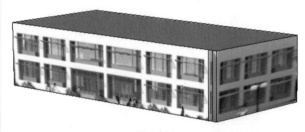

图 4-151

图 4-149

技术要点：

调整红绿色轴的方法是分别对该面的上水平边线和下水平边线进行（当然在画面中不是水平，但在空间中是水平的，表示与大地平行）。然后，用绿色的虚线界定另一个与该面垂直的面，同样是平行于该面的上下水平边线。此时能看到蓝线（即 Z 轴）垂直于画面中的地面，另外，绿线与红线在空间中互相垂直形成了 xy 平面。

04 在【照片匹配】面板中单击【从照片投影纹理】按钮，将纹理投射到模型上。选择场景左上方的【照片】标签，右击并在弹出的快捷菜单中执行【删除】命令，将照片删除，如图 4-150 所示。

4.6　模型的柔化边线处理

柔化边线处理，主要是指处理线与线之间的平滑连接，拖动滑块调整角度大小，角度越大，边线越平滑。【柔化边线】面板中的【平滑法线】复选框可以使边线平滑，【软化共面】复选框可以使边线软化，如图 4-152 所示。

图 4-152

实例：创建雕塑柔化边线效果

源文件：\Ch04\ 雕塑 .skp
结果文件：\Ch04\ 创建雕塑柔化边线效果 .skp
视频：\Ch04\ 创建雕塑柔化边线效果 .wmv

本例主要应用了柔化边线功能，对一个景观小品雕塑的边线进行柔化，如图 4-153 所示为完成后的效果图。

图 4-153

01 打开雕塑模型并将其选中,【柔化边线】面板中的选项变为可用,如图 4-154 所示。

图 4-154

02 在【柔化边线】面板中调整滑块,对边线进行柔化,如图 4-155 所示。

图 4-155

03 选中【软化共面】复选框,调整后的平滑边线和软化共面的效果如图 4-156 所示。

图 4-156

技术要点:

　　【柔化边线】面板需要选中模型后才会启用,不选中则以灰色状态显示。

4.7　建模综合案例

下面以两个典型案例来详细讲解 SketchUp 基本绘图功能的应用方法。

实例:绘制吊灯

本例主要使用【圆】工具、【推 / 拉】工具、【偏移】工具、【移动】工具来创建模型。

结果文件: \Ch04\ 绘制吊灯 .skp
视频: \Ch04\ 绘制吊灯 .wmv

01 使用【圆】工具 ◎ 在绘图区绘制一个半径为 500mm 的圆,如图 4-157 所示。

02 选择【推 / 拉】工具 ◆,并向上推拉 20mm,如图 4-158 所示。

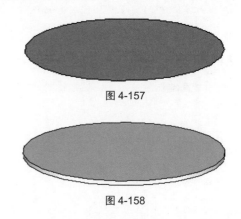

图 4-157

图 4-158

03 使用【偏移】工具 🔊 向内偏移复制 50mm，如图 4-159 所示。

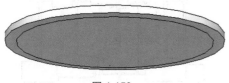

图 4-159

04 选择【推／拉】工具 ◈，向下推拉 10mm 形成台阶，如图 4-160 所示。

图 4-160

05 使用【圆】工具 ◉ 绘制半径为 50mm 的圆。使用【推／拉】工具 ◈，向下推拉 50mm 生成小圆柱，如图 4-161 和图 4-162 所示。

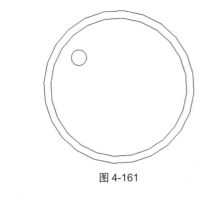

图 4-161

图 4-162

06 使用【偏移】工具 🔊，向内偏移复制 45mm。使用【推／拉】工具 ◈，向下推拉 300mm，如图 4-163 所示。

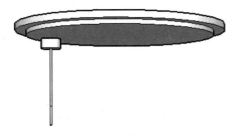

图 4-163

07 使用【偏移】工具 🔊，将面向外偏移复制 80mm。使用【推／拉】工具 ◈，向下推拉 100mm，如图 4-164 和图 4-165 所示。

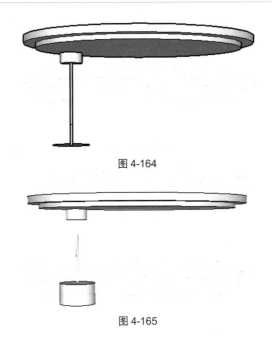

图 4-164

图 4-165

08 选中模型后执行【编辑】|【创建群组】命令，创建群组对象，如图 4-166 所示。

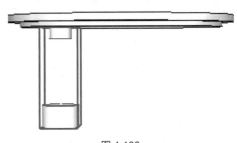

图 4-166

09 选择【移动】工具 ✦，按住 Ctrl 键单击并拖曳进行复制群组操作，如图 4-167 和图 4-168 所示。

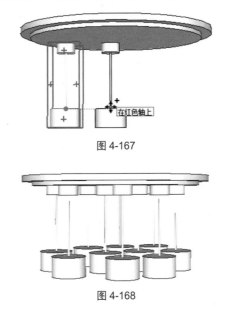

图 4-167

图 4-168

10 选择【缩放】工具 ，对复制的吊灯进行不同程度的缩放，突出其层次感，如图 4-169 和图 4-170 所示。

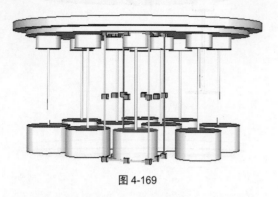

图 4-169

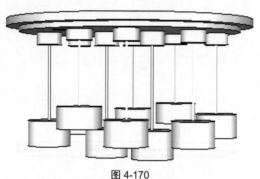

图 4-170

11 单击【材质】按钮 ，为制作的吊灯赋予一种适合的材质，双击群组填充材质，如图 4-171~ 图 4-173 所示。

图 4-171

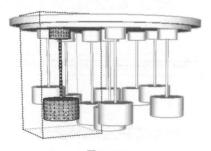

图 4-172

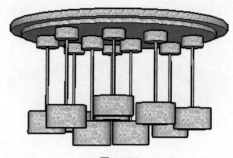

图 4-173

实例：绘制古典装饰画

本例主要应用【圆】工具、【缩放】工具、【推 / 拉】工具及【偏移】工具，并导入图片来创建模型。

> 源文件：\Ch04\ 古典美女图片 .bmp
> 结果文件：\Ch04\ 绘制古典装饰画 .skp
> 视频：\Ch04\ 绘制古典装饰画 .wmv

01 使用【圆】工具 ，在绘图区中绘制一个圆，如图 4-174 所示。

02 使用【缩放】工具 ，对圆进行缩放操作形成椭圆，如图 4-175 所示。

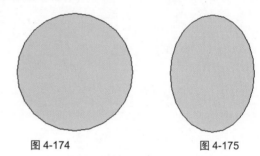

图 4-174   图 4-175

03 使用【推 / 拉】工具 ，向上推拉 50mm，如图 4-176 所示。

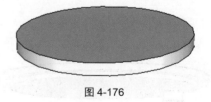

图 4-176

04 使用【偏移】工具 ，将面向内偏移复制 50mm，如图 4-177 所示。

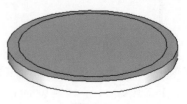

图 4-177

05 使用【推/拉】工具 ，向下推出 30mm 的凹槽，如
图 4-178 所示。

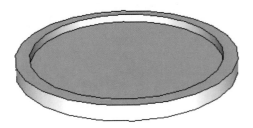

图 4-178

06 使用【圆弧】工具 ，在顶部绘制一段圆弧，如图 4-179
所示。

07 使用【偏移】工具 ，将面向外适当偏移复制，如
图 4-180 所示。

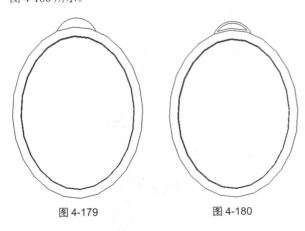

图 4-179　　　　　　　　图 4-180

08 将中间的面删除，如图 4-181 所示。

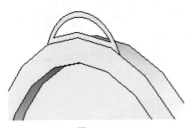

图 4-181

09 使用【推/拉】工具 向外推拉，效果如图 4-182 所示。

图 4-182

10 执行【文件】|【导入】命令，导入古典美女图片，
放在框内并调整位置，如图 4-183 所示。

11 右击图片，在弹出的快捷菜单中执行【分解】命令，
将图片炸开，如图 4-184 所示。

图 4-183　　　　　　　　图 4-184

12 选中多余的部分，将边线面删除，如图 4-185 和图
4-186 所示。

图 4-185　　　　　　　　图 4-186

13 将边框赋予一种适合的材质，装饰画完成后的效果
如图 4-187 所示。

图 4-187

81

本章主要介绍在 SketchUp 中进行常见的建筑、园林、景观等小品构件的结构设计与软件功能应用技巧。

知识要点

✦ 建筑单体构件设计
✦ 园林水景设计
✦ 园林植物造景设计
✦ 园林景观设施小品设计
✦ 园林景观提示牌设计

5.1 建筑单体构件设计

本节以实例的方式讲解 SketchUp 中建筑单体设计的方法，包括创建凸窗、花形窗户、小房屋，如图 5-1 和图 5-2 所示为常见的建筑窗户和小房屋设计的效果图。

图 5-1

图 5-2

第 5 章

建筑小品构件设计

实例：创建建筑凸窗

本例主要利用绘制工具制作建筑凸窗，如图 5-3 所示为完成后的效果图。

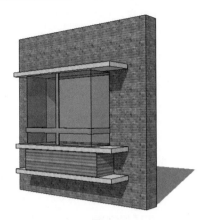

图 5-3

结果文件：创建建筑凸窗 .skp
视频：创建建筑凸窗 .wmv

01 选择【矩形】工具 ，绘制一个长、宽均为 5000mm 的矩形，如图 5-4 所示。

02 选择【推 / 拉】工具 ，推拉 500mm，效果如图 5-5 所示。

03 选择【矩形】工具 ，绘制一个长为 2500mm，宽为 2000mm 的矩形，如图 5-6 所示。

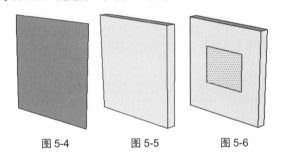

图 5-4　　　　图 5-5　　　　图 5-6

04 使用【推 / 拉】工具 向内推 500mm，如图 5-7 所示。

05 选择【直线】工具 ，参考孔洞绘制一个封闭面。使用【推 / 拉】工具 ，向外拉 600mm，如图 5-8 和图 5-9 所示。

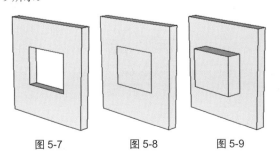

图 5-7　　　　图 5-8　　　　图 5-9

06 利用【矩形】工具 和【推 / 拉】工具 ，绘制出如图 5-10 所示的长方体（向外推 700mm）。

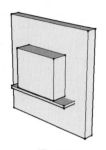

图 5-10

07 选中长方体的所有面，执行【编辑】|【创建群组】命令，创建群组，以便于做整体操作，如图 5-11 所示。

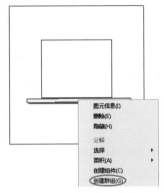

图 5-11

08 使用【移动】工具 ，按住 Ctrl 键将长方体群组竖直向下及向上进行复制，如图 5-12 所示。

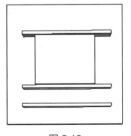

图 5-12

09 选择【矩形】工具 ，在墙面上绘制相互垂直的两个矩形，如图 5-13~ 图 5-15 所示。

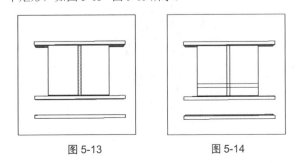

图 5-13　　　　　　　　图 5-14

10 使用【推/拉】工具 ﹏ 将矩形向外推拉 25mm，如图 5-16 所示。

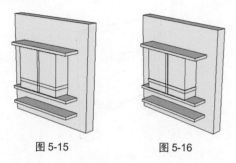

图 5-15　　　　　图 5-16

11 选择【矩形】工具 ﹏，在窗体上绘制矩形，使用【推/拉】工具 ﹏ 向外拉，如图 5-17 和图 5-18 所示。

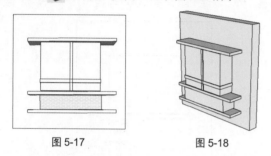

图 5-17　　　　　图 5-18

12 在【材质】面板中选择适合的玻璃材质进行填充，如图 5-19 和图 5-20 所示。

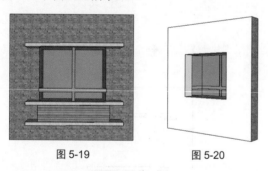

图 5-19　　　　　图 5-20

实例：创建花形窗户

　　本例主要利用绘制工具制作花形窗户，如图 5-21 所示为完成后的效果图。

图 5-21

结果文件：创建花形窗户 .skp
视频：创建花形窗户 .wmv

01 利用【直线】工具 ﹏ 和【圆弧】工具 ﹏，绘制两条长度均为 200mm 的线段，与半径为 500mm 的圆弧相连，如图 5-22 所示。绘制方法为：先在参考轴的一侧绘制一条直线，并将其旋转复制到参考轴的另一侧，最后绘制连接弧。

图 5-22

02 依次画出其他相等的三边形状。方法是：利用【旋转】和【移动】工具，先旋转复制，再平移到相应位置，如图 5-23 所示。曲线图形完全封闭后会自动创建一个填充面。

03 选中形状面，使用【偏移】工具 ﹏ 向内偏移复制 3 次，偏移距离均为 50mm，如图 5-24 所示。

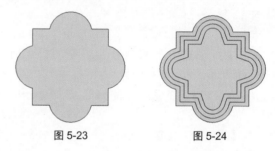

图 5-23　　　　　图 5-24

04 使用【圆】工具 ﹏ 绘制一个半径为 50mm 的圆，如图 5-25 所示。

05 使用【偏移】工具 ﹏ 向外偏移复制 15mm，如图 5-26 所示。

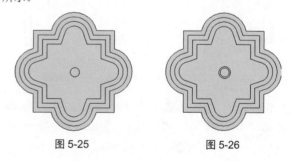

图 5-25　　　　　图 5-26

06 使用【直线】工具 ﹏ 绘制出如图 5-27 所示的形状。

图 5-27

07 使用【推／拉】工具 ⬆ 向外推拉 60mm，结果如图 5-28 所示。接着向内推拉 60mm，结果如图 5-29 所示。最后再向内推拉 30mm，结果如图 5-30 所示。

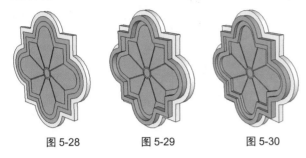

图 5-28　　　　图 5-29　　　　图 5-30

08 使用【推／拉】工具 ⬆，将圆和连接的面分别向外拉 20mm，如图 5-31 所示。赋予适合的材质，效果如图 5-32 所示。

图 5-31

图 5-32

实例：创建小房屋

本例主要利用绘图工具制作一个小房屋模型，如图 5-33 所示为完成后的效果图。

图 5-33

📁 结果文件：创建小房屋 .skp
　　视频：创建小房屋 .wmv

01 使用【矩形】工具 ▱ 绘制一个长为 5000mm，宽为 6000mm 的矩形，如图 5-34 所示。

图 5-34

02 使用【推／拉】工具 ⬆ 将矩形向上拉出 3000mm，如图 5-35 所示。

图 5-35

03 选择【直线】工具 ✏ 在顶面捕捉绘制一条中心线，如图 5-36 所示。

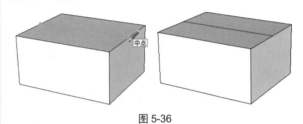

图 5-36

04 使用【移动】工具 ✥，向蓝色轴方向垂直移动，移动距离为 2500mm，得到的结果如图 5-37 所示。

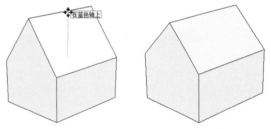

图 5-37

05 使用【推／拉】工具 ⬆ 选中房顶的两面并往外拉，距离为 200mm，拉出一定的厚度，如图 5-38 所示。

图 5-38

06 使用【推／拉】工具 🔳，对房屋立体两面往里推，距离为 200mm，如图 5-39 所示。

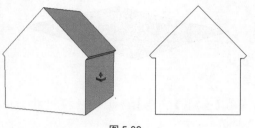

图 5-39

07 按住 Ctrl 键选择房顶的两条边，使用【偏移】工具 🔳 向内偏移复制 200mm，如图 5-40 所示。

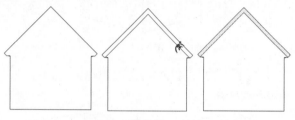

图 5-40

08 使用【推／拉】工具 🔳 将偏移复制的面向外拉，距离为 400mm，如图 5-41 所示。

图 5-41

09 利用同样的方法，对另一面进行偏移复制和推拉操作，如图 5-42 所示。

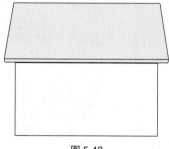

图 5-42

10 选中房屋底部的一条直线，右击并在弹出的快捷菜单中执行【拆分】命令，将直线拆分为 3 段，如图 5-43 所示。

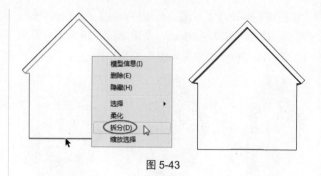

图 5-43

11 使用【直线】工具 🔳 绘制高为 2500mm 的矩形（门），如图 5-44 所示。

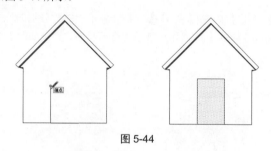

图 5-44

12 使用【推／拉】工具 🔳 将门向内推 200mm 并删除面，即可看到房屋的内部空间了，如图 5-45 所示。

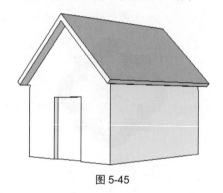

图 5-45

13 使用【圆】工具 🔳 分别在房体的两个立面上画圆，半径均为 600mm，如图 5-46 所示。

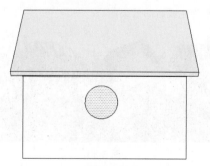

图 5-46

14 使用【偏移】工具 🔳 向外偏移复制 50mm，如图 5-47 所示。

15 使用【推／拉】工具 ⬆ 向外拉 50mm，使其形成窗框，如图 5-48 所示。

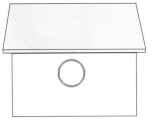

图 5-47

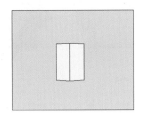

图 5-48

16 切换到俯视图。使用【矩形】工具 ▱ 绘制一个大的矩形（地面），如图 5-49 所示。

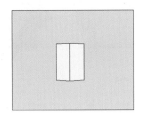

图 5-49

17 填充适合的材质，并添加一个门组件，如图 5-50 所示。

18 添加人物和植物组件，如图 5-51 所示。

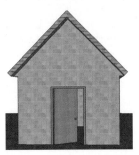

图 5-50

图 5-51

5.2　园林水景构件设计

　　本节以实例的方式讲解 SketchUp 中园林水景设计的方法，包括创建喷水池、花瓣喷泉、石头等，如图 5-52 和图 5-53 所示为常见的园林水景设计的真实效果照片。

图 5-52

图 5-53

实例：创建花瓣喷泉

　　本例主要利用绘图工具制作一个花瓣喷泉模型，如图 5-54 所示为完成后的效果图。

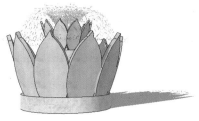

图 5-54

结果文件: 创建花瓣喷泉 .skp
视频: 创建花瓣喷泉 .wmv

01 分别使用【圆弧】工具 ◇ 和【直线】工具 ✐，绘制圆弧和直线，形成花瓣形状，如图 5-55 所示。

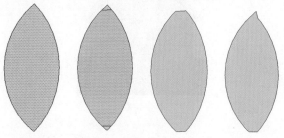

图 5-55

02 使用【圆】工具 ● 绘制一个圆，如图 5-56 所示，并将花瓣形状移至圆面上，如图 5-57 所示。

图 5-56

03 将花瓣形状创建群组，使用【旋转】工具 ⟳ 将其旋转一定角度，如图 5-58 所示。

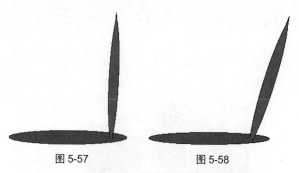

图 5-57　　　　　　　图 5-58

04 使用【推 / 拉】工具 ♣ 推拉花瓣形状，如图 5-59 所示。

图 5-59

05 使用【旋转】工具 ⟳，按住 Ctrl 键沿圆中心点旋转复制，如图 5-60 所示。

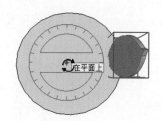

图 5-60

06 使用【推 / 拉】工具 ♣ 推拉圆面，如图 5-61 所示。再使用【偏移】工具 ⑦ 偏移复制面，如图 5-62 所示。

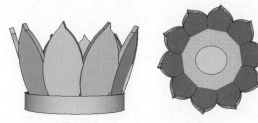

图 5-61　　　　　　　图 5-62

07 使用【推 / 拉】工具 ♣ 推拉出圆柱，如图 5-63 所示。

08 使用【偏移】工具 ⑦ 和【推 / 拉】工具 ♣，在圆柱面上向下推拉出一个洞口，如图 5-64 所示。

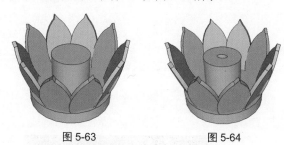

图 5-63　　　　　　　图 5-64

09 缩放并复制花瓣，选择【移动】工具 ✥ 并在圆柱面上调整其位置，如图 5-65 所示。

10 赋予材质并导入水组件，如图 5-66 所示。

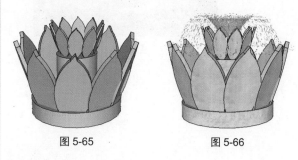

图 5-65　　　　　　　图 5-66

实例：创建石头

本例主要应用绘图工具和插件创建石头模型，如图 5-67 所示为完成后的效果图。

图 5-67

　结果文件：创建石头 .skp
视频：创建石头 .wmv

01 使用【矩形】工具 ▣ 绘制矩形面，然后使用【推 / 拉】工具 ▲ 推拉矩形形成立方体，如图 5-68 所示。

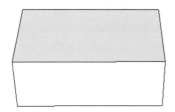

图 5-68

02 打开细分光滑插件（Subdivide And Smooth），单击【细分光滑】按钮 ▣ ，在弹出的 Subdivision Options 对话框中调整参数，单击【确定】按钮细分模型，如图 5-69 和图 5-70 所示。

图 5-69

图 5-70

> 💡 **技术要点：**
> 　　Subdivide And Smooth 插件在本例源文件夹的 SubdivideAndSmooth v.1.0 中。此插件的安装方法是：复制 SubdivideAndSmooth v.1.0 文件夹中的 Subsmooth 文件夹和 subsmooth_loader.rb 文件，粘贴到 C:\Users\Administrator\AppData\Roaming\SketchUp\SketchUp 2019\SketchUp\Plugins 文件夹中，然后重启 SketchUp 软件。

03 执行【视图】|【隐藏物体】命令显示虚线，如图 5-71 所示。

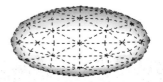

图 5-71

04 使用【移动】工具 ✤ 移动节点，调整出石头的形状，如图 5-72 所示。

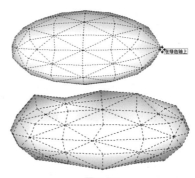

图 5-72

05 取消显示虚线，在【材质】面板中为其赋予材质，如图 5-73 所示。

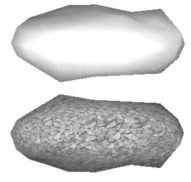

图 5-73

06 使用【缩放】工具 ▣ 和【移动】工具 ✤ ，进行自由缩放并复制石头。添加一些植物组件后，最终完成操作，效果如图 5-74 所示。

图 5-74

实例：创建汀步

本例主要使用绘图工具和插件创建水池和草丛中的汀步模型，如图 5-75 所示为完成后的效果图。

图 5-75

结果文件：创建汀步 .skp

视频：创建汀步 .wmv

01 使用【矩形】工具 ▨，绘制一个长、宽分别为 5000mm 和 4000mm 的矩形，如图 5-76 所示。

图 5-76

02 使用【圆】工具 ● 绘制一个圆形，如图 5-77 所示。

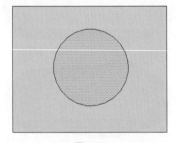

图 5-77

03 使用【圆弧】工具 ⊘ 绘制一段圆弧并与之相接，然后利用【旋转】工具进行旋转复制，旋转角度为 45°，一共旋转复制 7 次，结果如图 5-78 所示。

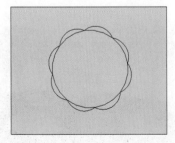

图 5-78

04 使用【擦除】工具 ◹ 将多余的线擦除，形成花形水池面，如图 5-79 所示。

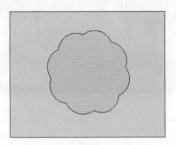

图 5-79

05 使用【偏移】工具 ⚙，向内偏移一定距离，并选择【推 / 拉】工具 ♨，分别向上推拉 100mm、向下推拉 200mm，如图 5-80 和图 5-81 所示。

图 5-80

图 5-81

06 在【材质】面板中为水池底面赋予石子材质，如图 5-82 所示。

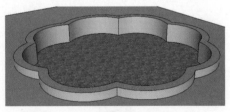

图 5-82

07 使用【移动】工具 ✛，按住 Ctrl 键将石子面向上复制，并赋予水纹材质，如图 5-83 所示。

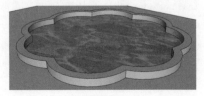

图 5-83

08 使用【手绘线】工具✎，任意在水池面和地面绘制曲线面，如图 5-84 所示。

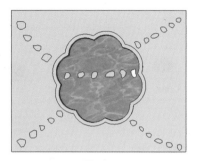

图 5-84

09 使用【推 / 拉】工具▲将水池中的曲线面分别向上和向下推拉，如图 5-85 所示。

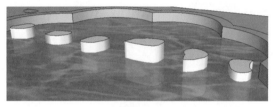

图 5-85

10 继续使用【推 / 拉】工具▲，推拉地面上的曲线面，如图 5-86 所示。

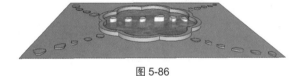

图 5-86

11 为水池、地面、汀步赋予材质，如图 5-87 和图 5-88 所示。

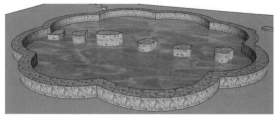

图 5-87

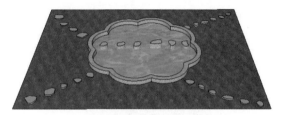

图 5-88

12 在汀步的周围添加植物、花草、人物组件后完成操作，如图 5-89 所示。

图 5-89

5.3 园林植物造景构件设计

本节以实例的方式讲解 SketchUp 中园林植物造景设计的方法，包括创建二维仿真树木组件、冰棒树、树凳、绿篱、马路绿化带等，如图 5-90 所示为常见的园林植物造景设计的效果图和真实照片。

图 5-90

实例：创建二维仿真树木组件

本例主要利用一张植物图片制作二维植物组件，如图 5-91 所示为完成后的效果图。

图 5-91

源文件：植物图片 .jpg
结果文件：创建二维仿真树木组件 .skp
视频：创建二维仿真树木组件 .wmv

01 启动 Photoshop 软件并打开植物图片，如图 5-92 所示。

图 5-92

02 在【图层】面板中双击图层进行解锁。使用【魔术棒】工具将白色背景删除，如图 5-93 和图 5-94 所示。

图 5-93   图 5-94

03 执行【文件】|【存储】命令，弹出【存储】对话框，在【格式】下拉列表中选择 PNG（*.PNG）选项，如图 5-95 所示。

图 5-95

04 在 SketchUp 中执行【文件】|【导入】命令，在【文件类型】下拉列表中选择【便携式网络图形（*.png）】选项，如图 5-96 所示。

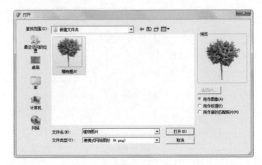

图 5-96

> **技术要点：**
> PNG 格式可以存储透明背景图片，而 JPG 格式不能存储透明背景图片，所以，在将图片导入 SketchUp 时，PNG 格式非常方便。

05 在导入 SetchUp 的图片上右击，从弹出的快捷菜单中执行【分解】命令，将图片炸开，如图 5-97 所示。

图 5-97

06 选中直线，右击，在弹出的快捷菜单中执行【隐藏】命令，将直线全部隐藏，如图 5-98 所示。

图 5-98

07 选中图片，以长方形面显示。使用【手绘线】工具，绘制出植物的大致轮廓，如图 5-99 和图 5-100 所示。

08 将多余的面删除，再次将直线隐藏，如图 5-101 和图 5-102 所示。

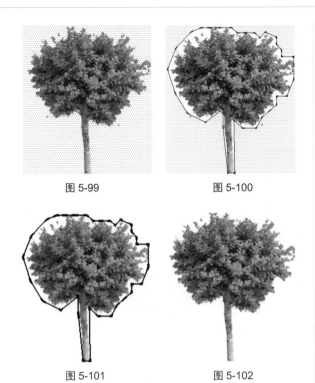

图 5-99　　　　　　　图 5-100

图 5-101　　　　　　　图 5-102

技术要点：

绘制植物轮廓主要是为了显示阴影时可以呈树形，如不绘制轮廓，则只会显示长方形阴影。边线只能隐藏而不能删除，否则会将整个图片删掉。

09 选中图片，右击，在弹出的快捷菜单中执行【创建组件】命令，如图 5-103 所示。

图 5-103

10 复制多个植物组件并开启阴影效果，最终完成的效果如图 5-104 所示。

图 5-104

实例：创建树池坐凳

树池是种植树木的植槽，树池处理得当，不仅有助于树木生长、美化环境，还具备满足行人休息的需求，夏天可以在树荫下乘凉，冬天坐在木质的长凳上也不会让人感觉到冷。如图 5-105 所示为本例的效果图。

图 5-105

结果文件：创建树池坐凳 .skp
视频：创建树池坐凳 .wmv

01 使用【矩形】工具 绘制一个边长为 5000mm 的正方形，如图 5-106 所示。

图 5-106

02 使用【推 / 拉】工具 将正方形面向上推拉 1000mm，如图 5-107 所示。

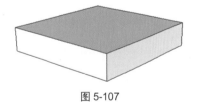

图 5-107

03 使用【矩形】工具 在长方体的 4 个面上绘制几个相同的矩形面，如图 5-108 所示。

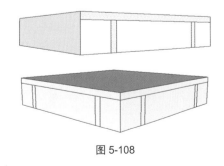

图 5-108

> **技术要点：**
> 在绘制矩形面时，为了精确绘制，可以采用辅助线进行测量和标定的方法进行绘制。

04 使用【推/拉】工具 ☝，将中间的矩形面分别向内推进 600mm，再将其他面依次推拉，如图 5-109 所示。

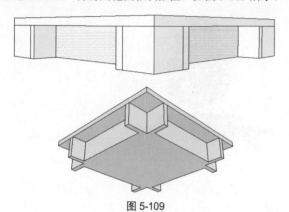

图 5-109

05 使用【偏移】工具 ☝ 向内偏移复制 1000mm。再使用【推/拉】工具 ☝ 将面向上推拉 600mm，如图 5-110 和图 5-111 所示。

图 5-110

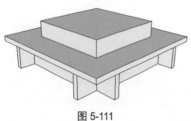

图 5-111

06 使用【偏移】工具 ☝ 分别向内偏移复制 150mm 和 300mm。再使用【推/拉】工具 ☝，分别将面向下推拉 250mm 和 400mm，如图 5-112 和图 5-113 所示。

图 5-112

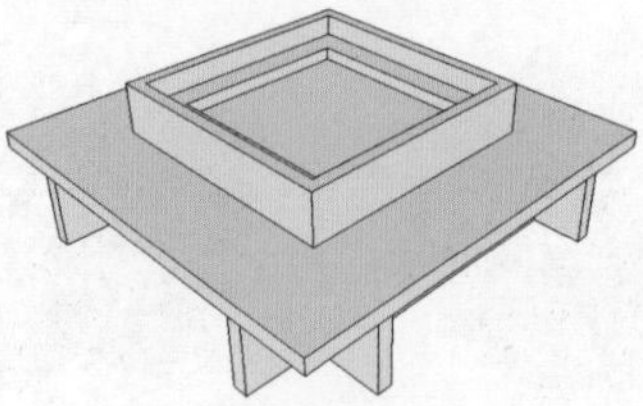

图 5-113

07 在【材质】面板中，为树池凳赋予相应的材质，并为其导入一个植物组件，如图 5-114 和图 5-115 所示。

图 5-114

图 5-115

实例：创建花架

本例主要利用绘图工具制作一个花架，如图 5-116 所示为完成后的效果图。

图 5-116

> 结果文件：创建花架 .skp
> 视频：创建花架 .wmv

1. 设计花墩

01 使用【矩形】工具 ▨ 绘制一个边长为 2000mm 的正

方形，如图 5-117 所示。

图 5-117

02 使用【推 / 拉】工具 🔼 将正方形拉高 3000mm，如图 5-118 所示。

图 5-118

03 使用【偏移】工具 📄 向外偏移复制 400mm，然后使用【推 / 拉】工具 🔼，向上推拉 500mm，如图 5-119 和图 5-120 所示。

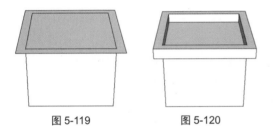

图 5-119　　　　　图 5-120

04 使用【擦除】工具 📄 擦除多余的直线，即可变成一个封闭面，如图 5-121 所示。

图 5-121

05 使用【偏移】工具 📄 向内偏移复制 400mm，并使用【推 / 拉】工具向上推拉 500mm，如图 5-122 和图 5-123 所示。

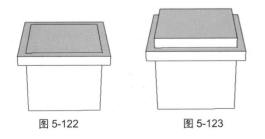

图 5-122　　　　　图 5-123

06 重复上一步操作，这次拉高的距离为 300mm，如图 5-124 所示。

图 5-124

07 使用【圆弧】工具 ⚫ 绘制一个与矩形相切的倒角形状，如图 5-125 所示。

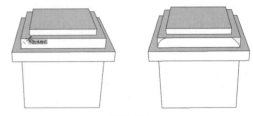

图 5-125

08 选择圆弧面，使用【跟随路径】工具 🔄，按住 Alt 键对着倒角单击并拖曳矩形面，即可变成一个倒角形状，如图 5-126 所示。

图 5-126

09 使用【圆弧】工具 📄 在矩形面上绘制一个长为 600mm，向外凸出为 300mm 的 4 个圆弧组成的花瓣形状，如图 5-127 所示。

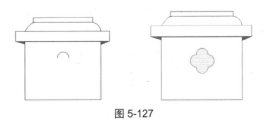

图 5-127

10 使用【偏移】工具 📄 向外偏移复制 100mm，然后使用【推 / 拉】工具 🔼，将面向外推拉 100mm，如图 5-128 和图 5-129 所示。

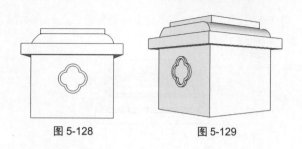

图 5-128   图 5-129

2. 设计花柱

01 使用【矩形】工具 ▨ 在顶部矩形面上先画 4 个矩形，再分别在 4 个矩形内画小矩形，如图 5-130 和图 5-131 所示。

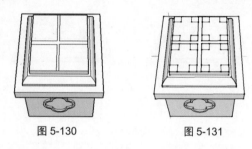

图 5-130   图 5-131

02 使用【推 / 拉】工具 ♦ 将 4 个面向上推 12000mm，如图 5-132 所示。

03 使用【矩形】工具 ▨，在花柱上画一个矩形面，如图 5-133 所示。

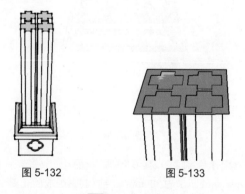

图 5-132   图 5-133

04 使用【推 / 拉】工具 ♦ 向上推 300mm，如图 5-134 所示。

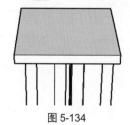

图 5-134

05 使用【偏移】工具 ⏢ 向外偏移复制 500mm，再使用【推 / 拉】工具 ♦ 向上推 300mm，如图 5-135 和图 5-136 所示。

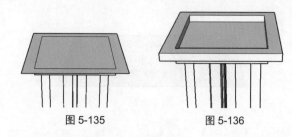

图 5-135   图 5-136

06 选中花柱模型，执行【编辑】|【创建群组】命令，创建一个群组，如图 5-137 所示。

图 5-137

3. 设计花托

01 使用【直线】工具 ✐ 画两条长度均为 5000mm 的直线，如图 5-138 所示。使用【圆弧】工具 ⌒ 连接两条直线，如图 5-139 所示。

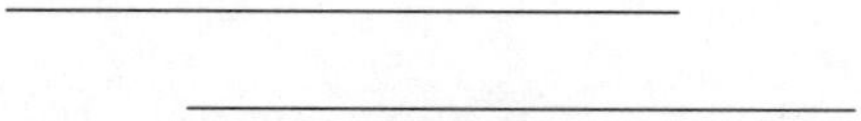

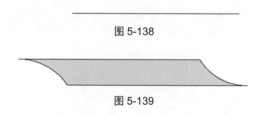

图 5-138

图 5-139

02 使用【推 / 拉】工具 ♦ 将面拉出一定高度，如图 5-140 所示。将推拉后的模型移到花柱上，如图 5-141 所示。

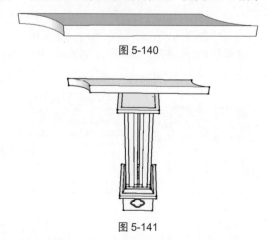

图 5-140

图 5-141

03 选中模型，使用【缩放】工具 对其进行拉伸操作，如图 5-142 所示。

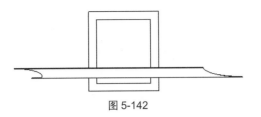

图 5-142

04 使用【移动】工具 ❖ 复制两个相同的对象，并放在相应的位置上，如图 5-143 所示。

05 将整个模型选中并创建群组，花托效果如图 5-144 所示。

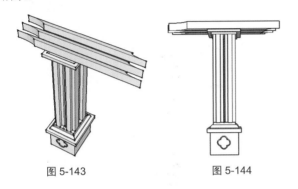

图 5-143　　　　　图 5-144

06 使用【移动】工具 ❖，沿水平方向复制两个模型，并摆放在相应的位置上，如图 5-145 所示。

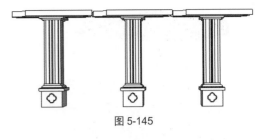

图 5-145

07 赋予一种适合的材质，如图 5-146 所示。

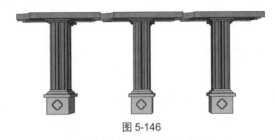

图 5-146

08 导入一些花篮和椅子组件完成操作，最终效果如图 5-147 所示。

图 5-147

5.4　园林景观设施构件设计

本节以实例的方式介绍 SketchUp 中景观服务设施的设计方法，包括创建休闲凳、石桌、栅栏、秋千、棚架、垃圾桶等，如图 5-148 所示为常见的景观设施的真实照片。

图 5-148

实例：创建石桌

本例主要利用绘图工具制作一个石桌模型，如图 5-149 所示为完成后的效果图。

图 5-149

结果文件：创建石桌 .skp
视频：创建石桌 .wmv

01 使用【圆】工具 ⬤ 绘制一个半径为 500mm 的圆，如图 5-150 所示。

图 5-150

02 选择【推 / 拉】工具 ⬆，将圆面向上推 300mm，如图 5-151 所示。

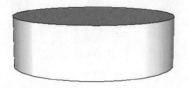

图 5-151

03 使用【偏移】工具 ⬀ 将圆面向内偏移复制 250mm，如图 5-152 所示。

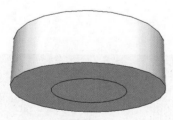

图 5-152

04 使用【推 / 拉】工具 ⬆ 将圆面向下拉 250mm，如图 5-153 所示。

图 5-153

05 使用【偏移】工具 ⬀ 将圆面向内偏移复制一个小圆，并使用【推 / 拉】工具 ⬆ 将圆面向下推出 200mm，完成石桌的创建，如图 5-154 所示。

06 使用【圆】工具 ⬤ 绘制一个半径为 150mm 的圆，并使用【推 / 拉】工具 ⬆ 将圆面拉出 300mm 得到石凳，如图 5-155 所示。

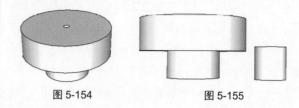

图 5-154   图 5-155

07 分别选中石桌和石凳并右击，在弹出的快捷菜单中执行【创建组】命令，如图 5-156 所示。

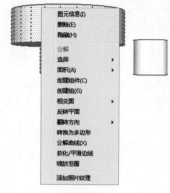

图 5-156

08 选择【移动】工具 ✥，按住 Ctrl 键单击并拖曳复制 3 个石凳，如图 5-157 所示。

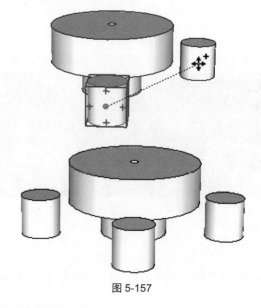

图 5-157

09 为所有的对象赋予适合的材质，如图 5-158 所示。

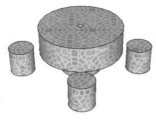

图 5-158

10 导入一个遮阳伞组件，最终效果如图 5-159 所示。

图 5-159

实例：创建栅栏

　　本例主要利用绘制工具制作一个栅栏，如图 5-160 所示为完成后的效果图。

图 5-160

结果文件：创建栅栏 .skp
视频：创建栅栏 .wmv

01 使用【矩形】工具■绘制一个边长为 300mm 的正方形，如图 5-161 所示。

图 5-161

02 使用【推 / 拉】工具■向上推 1200mm，创建立柱，如图 5-162 所示。

03 使用【偏移】工具■向外偏移 40mm 复制面，如图 5-163 所示。

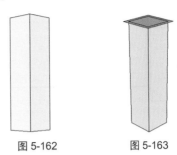

图 5-162　　　　　　图 5-163

04 使用【推 / 拉】工具■向下拉 200mm，如图 5-164 所示。

05 再使用【推 / 拉】工具■将长方形面向上推 50mm，如图 5-165 所示。

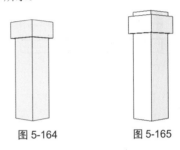

图 5-164　　　　　　图 5-165

06 使用【缩放】工具■将推拉部分缩小，如图 5-166 所示。

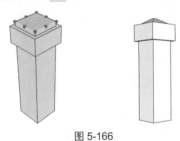

图 5-166

07 选中模型，执行【编辑】|【创建群组】命令，创建一个群组，如图 5-167 所示。

08 使用【矩形】工具■绘制一个长为 2000mm，宽为 200mm 的矩形，然后使用【推 / 拉】工具■向上推 150mm，如图 5-168 所示。

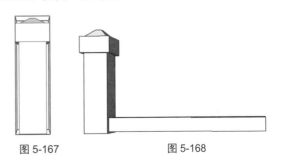

图 5-167　　　　　　图 5-168

09 利用前文绘制球体的方法，绘制一个球体并置于柱上，如图 5-169 所示。

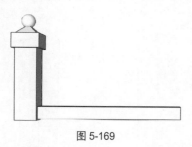

图 5-169

10 使用【移动】工具❖复制另一个石柱，如图 5-170 所示。

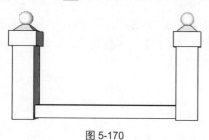

图 5-170

11 使用【矩形】工具◢绘制一个矩形面，再使用【推 /拉】工具♦向上推一定的距离，如图 5-171 所示。

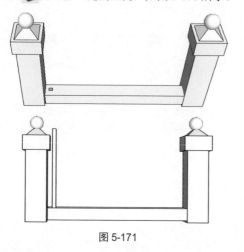

图 5-171

12 执行【编辑】|【创建群组】命令创建一个群组，如图 5-172 所示。

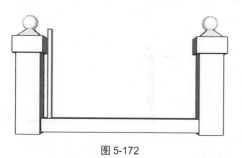

图 5-172

13 利用同样的方法绘制另一个矩形条，如图 5-173 所示。

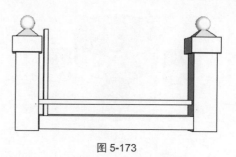

图 5-173

14 选择【移动】工具❖，按住 Ctrl 键先复制水平放置的矩形块，如图 5-174 所示，再将小立柱向右等距复制，如图 5-175 所示。

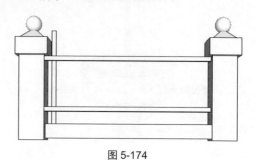

图 5-174

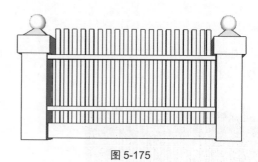

图 5-175

15 赋予适合的材质，最终效果如图 5-176 所示。

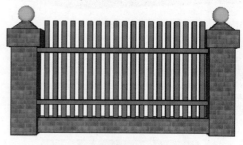

图 5-176

5.5　园林景观提示牌构件设计

本节以实例方式介绍 SketchUp 中园林景观提示牌设计的方法，包括创建景区路线指示牌、景点指示牌、景区温馨提示牌等，如图 5-177 所示为园林景观提示牌的真实照片。

图 5-177

实例：创建温馨提示牌

本例主要应用绘制工具创建温馨提示牌模型，如图 5-178 所示为完成后的效果图。

图 5-178

 结果文件：创建温馨提示牌 .skp
视频：创建温馨提示牌 .wmv

01 使用【圆弧】工具 绘制两段圆弧并连接，如图 5-179 所示。

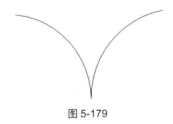

图 5-179

02 继续使用【圆弧】工具 绘制两段圆弧并连接，再使用【直线】工具 将它们连接成面，如图 5-180 所示。

03 使用【矩形】工具 在下方绘制一个矩形面，如图 5-181 所示。

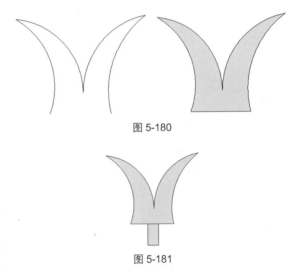

图 5-180

图 5-181

04 使用【圆弧】工具 绘制圆弧并连接，如图 5-182 所示。

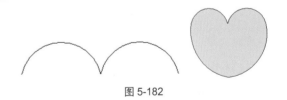

图 5-182

05 选中形状并右击，在弹出的快捷菜单中执行【创建组】命令，创建群组，如图 5-183 所示。

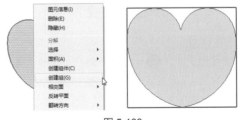

图 5-183

06 选择【旋转】工具 ，按住 Ctrl 键沿中点单击并拖曳旋转复制，旋转角度设为 60°，如图 5-184 所示。

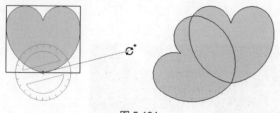

图 5-184

07 选中第二个复制对象，沿中点继续旋转复制其他几个图形，如图 5-185 所示。

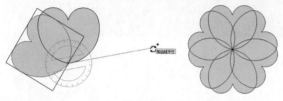

图 5-185

08 选中形状并右击，在弹出的快捷菜单中执行【分解】命令，将形状分解，如图 5-186 所示。

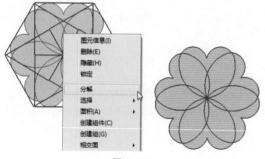

图 5-186

09 使用【擦除】工具 将多余的线擦除，形成一个花的形状，如图 5-187 所示。

图 5-187

10 使用【圆】工具 绘制两个圆面。再使用【圆弧】工具 绘制两段圆弧并连接，如图 5-188 所示。

11 将两个形状分别创建群组，并进行组合，如图 5-189 所示。

图 5-188

12 使用【推 / 拉】工具 对形状进行推拉，如图 5-190 所示。

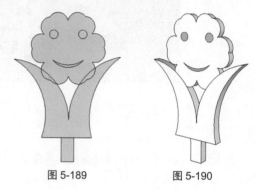

图 5-189　　　　　　图 5-190

13 使用【三维文字】工具 添加三维文字，在弹出的【放置三维文本】对话框中进行相应的设置，如图 5-191 所示。

图 5-191

14 为创建好的模型赋予适合的材质，如图 5-192 所示。

图 5-192

实例：创建景点介绍牌

本例主要应用绘制工具创建景点介绍牌模型，如图 5-193 所示为完成后的效果图。

图 5-193

源文件：文字图片 .jpg
结果文件：创建景点介绍牌 .skp
视频：创建景点介绍牌 .wmv

01 使用【矩形】工具绘制 3 个长、宽均为 300mm 的矩形面，如图 5-194 所示。

图 5-194

02 使用【推 / 拉】工具分别向上推 3500mm，如图 5-195 所示。

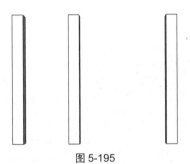

图 5-195

03 使用【偏移】工具将第 3 个矩形面向内偏移复制 30mm。再使用【推 / 拉】工具向上推 30mm，如图 5-196 和图 5-197 所示。

图 5-196 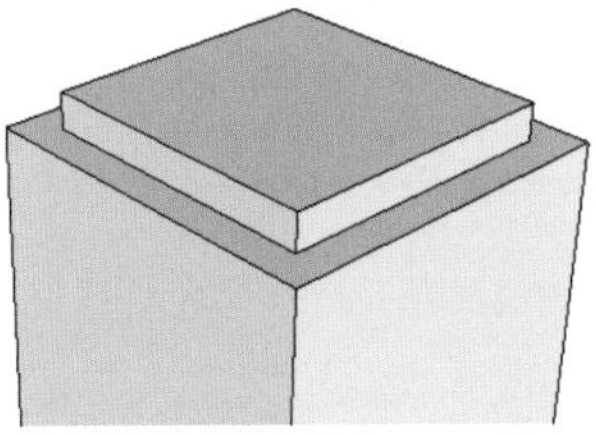　　　　图 5-197

04 使用【偏移】工具向外偏移复制 50mm。再使用【推 / 拉】工具将两个面向上推 200mm，如图 5-198 和图 5-199 所示。

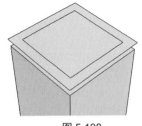

图 5-198 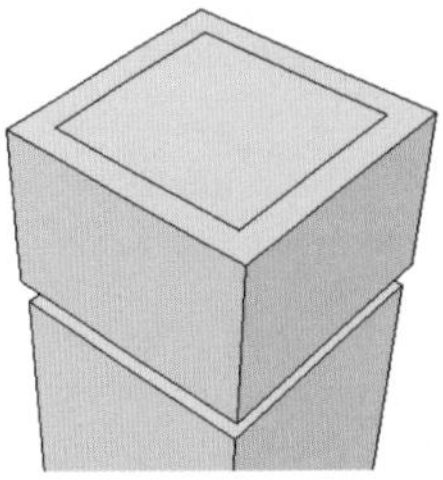　　　　图 5-199

05 使用【擦除】工具将多余的线擦除，如图 5-200 所示。

06 将 3 个矩形柱分别创建群组，如图 5-201 所示。

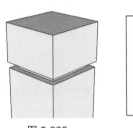 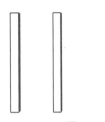

图 5-200 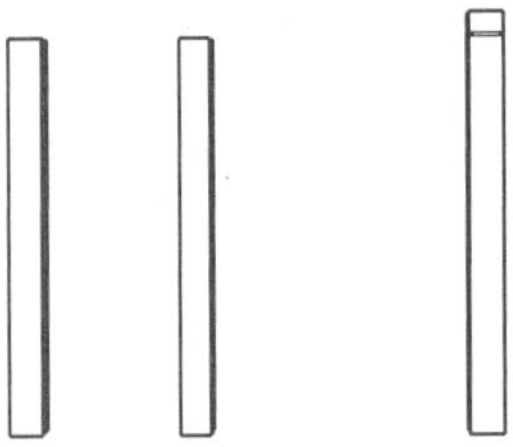　　　　图 5-201

07 使用【矩形】工具绘制 3 个矩形面。再使用【推 / 拉】工具向右推拉一定距离，如图 5-202 和图 5-203 所示。

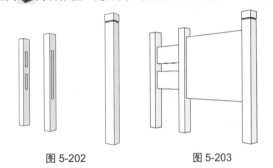

图 5-202　　　　图 5-203

08 使用【矩形】工具继续绘制矩形面。使用【推 / 拉】工具推拉出相应的形状，如图 5-204 和图 5-205 所示。

图 5-204

图 5-205

09 使用【多边形】工具绘制三边形。再使用【推 / 拉】

工具 ⚓ 推拉三边形，如图 5-206 所示。

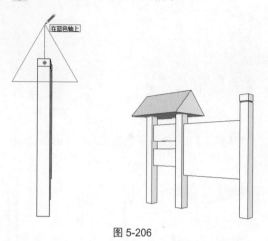

图 5-206

10 使用【直线】工具 ✏ 在顶面绘制直线。再使用【推 / 拉】工具 ⚓ 对分割的面分别向上推 20mm，如图 5-207 和图 5-208 所示。

图 5-207

图 5-208

11 使用【移动】工具 ✥ 在上方复制另一个形状 ，并进行缩放操作，结果如图 5-209 所示。

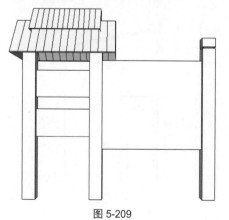

图 5-209

12 使用【三维文字】工具 🄰 添加三维文字，在弹出的【放置三维文本】对话框中进行相应设置，如图 5-210 所示。

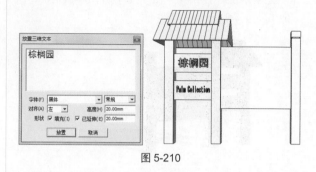

图 5-210

13 为另一侧赋予文字图片的材质贴图，如图 5-211 所示。赋予其他地方的材质，最终效果如图 5-212 所示。

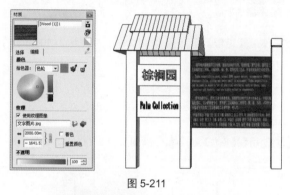

图 5-211

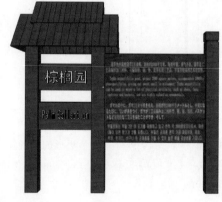

图 5-212

本章将学习如何利用 SketchUp 的插件库管理器——SUAPP，进行建筑外观造型和基于 BIM 的建筑设计。SketchUp 只是一个基本建模工具，要想完成各种复杂的建模工作，还需要大量使用插件来辅助完成各种操作。

（图标）**知识要点**

✦ SketchUp 扩展插件简介
✦ SUAPP 插件库
✦ "云在亭"建筑造型设计案例
✦ 基于 BIM 的办公楼建筑结构设计案例

6.1 SketchUp 扩展插件简介

通常，SketchUp 中自带的功能只能做一些比较简单的造型或建筑设计，虽然比较复杂的模型也能做出来，但是需要花费大量的时间。如图 6-1 所示的工艺品及建筑造型，只使用 SketchUp 是无法完成的。

图 6-1

所以，很多时候 SketchUp 需要借助扩展插件。插件是 SketchUp 软件商或第三方插件开发者根据设计师的建模习惯、工作要求及行业设计标准进行开发的扩展程序，这些扩展程序有些功能十分强大，有些可能只有比较单一的功能。

下面介绍几种使用或购买插件的方法。

6.1.1 到扩展插件商店下载插件

首先来看看 SketchUp 安装后的插件有哪些？执行【窗口】|【扩展程序管理器】命令，将打开【扩展程序管理器】对话框，其中列出了 SketchUp 软件自带的几个插件，如图 6-2 所示。

图 6-2

如果购买了非官方提供的插件，可以单击【安装扩展程序】按钮，将扩展程序 .rbz 格式的文件打开，即可使用该插件了。

如果需要使用官方扩展插件商店的插件，可以执行【窗口】|Extension Warehouse 命令，打开 Extension Warehouse 对话框，其中列出了所有行业的可用插件，如图 6-3 所示。

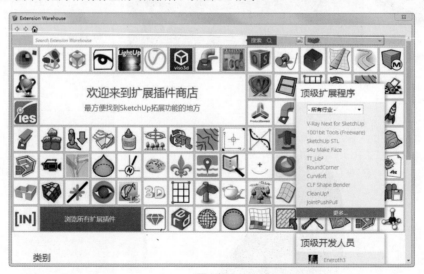

图 6-3

单击【浏览所有扩展插件】按钮，可以打开插件浏览对话框，这里可以选择软件版本所对应的插件，如图 6-4 所示。扩展插件商店中的插件全是英文版的，且有一定的试用期限，这对一些英语水平较低的用户来讲，使用起来确实较为困难，而且这些插件都没有进行集成与优化，因此，笔者推荐使用国内插件爱好者汉化后的 SketchUp 插件。

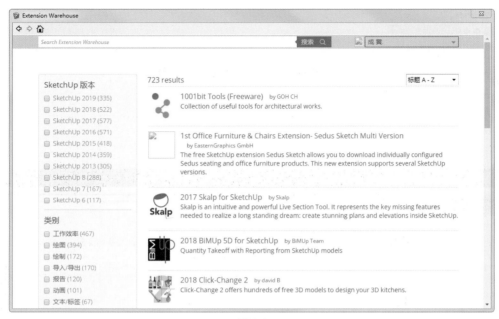

图 6-4

目前国内许多 SketchUp 学习论坛都会向设计师推出一些汉化插件，有免费的也有收费的，收费的汉化插件全都做了界面优化，比较出名的有"坯子库"论坛（http://www.piziku.com）、SketchUp 吧（http://www.suapp.me）、紫天 SketchUp 插件等。其中，"痞子库"中的插件多数是免费的，但比较零散，没有集成优化。而 SketchUp 吧的 SUAPP 插件与紫天中文网的 RBC_Library（RBC 扩展库）是收费的。

6.1.2　SUAPP 插件库

SketchUp 吧的 SUAPP 插件库是目前应用最广泛的云端插件库，SUAPP 插件库中的插件下载及使用都很简便，同时也便于教学，所以本章以及后续章节中所使用的插件均来自 SketchUp 吧。

> **技术要点：**
> 若想免费使用 SUAPP 插件库，可以下载 SUAPP Free 1.7（离线 / 免费基础版），有百余种插件可以免费使用，可满足日常建模工作和新手使用。

SUAPP Pro 3.4 插件库是目前的最高版本，可应用在 SketchUp 2014~2019 版本的软件中。到 SketchUp 吧官方网站购买使用权限后进行插件安装，安装成功后会在 SketchUp 工具栏中显示【SUAPP 3 基本工具栏】，如图 6-5 所示。

图 6-5

实例：下载与安装 SUAPP 插件库中的插件

插件库的下载网址为http://www.suapp.me，根据行业设计的需求，在插件库网页的插件分类列表中选择插件分类，例如用于 BIM 建筑设计的插件，可以在【轴网墙体】、【门窗构件】、【建筑设施】、【房间屋顶】、【文字标注】、【线面工具】及【三维体量】等分类中下载相关的插件，如图 6-6 所示。

图 6-6

下面以下载一个插件为例，介绍插件的下载及安装流程。

01 在【SUAPP 3 基本工具栏】中单击【安装管理插件】按钮 ●，即可进入官网下载插件。

02 在【轴网墙体】分类中找到【画点工具】插件，单击此插件右侧的【安装】按钮，如图 6-7 所示。

图 6-7

03 随后弹出添加插件对话框。为该插件选择一个分组（也可默认），再单击【确定安装】按钮，此时会自动下载该插件并将该插件安装在 SUAPP Pro 3.4 插件库的面板中，如图 6-8 所示。

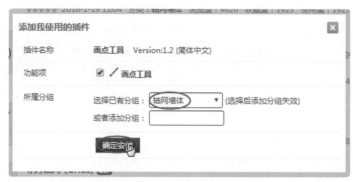

图 6-8

04 同理，将其他所需的插件逐一默认安装在所属的分组中。要想在 SketchUp 使用这些插件，需要在【SUAPP 3 基本工具栏】中单击【SUAPP 面板】按钮 ●，如图 6-9 所示为安装了所需插件后的 SUAPP Pro 3.4 面板。

05 如果需要删除 SUAPP 插件库中某些不常用的插件，可以到插件官网页面中进入【我的插件库】，然后选择要删除的插件，单击【删除】按钮即可，如图 6-9 所示。

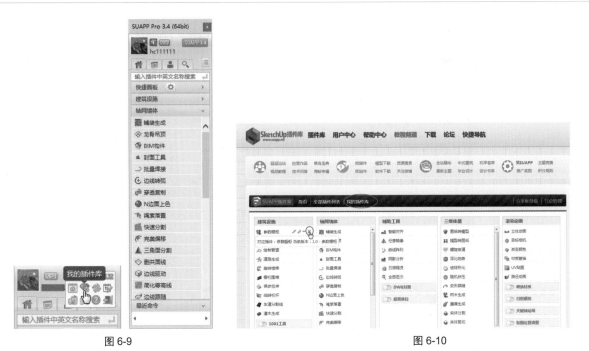

图 6-9　　　　　　　　　　　　　　　　　　　　图 6-10

06 执行【扩展程序】|【SUAPP 设置】命令，可将视图自定义为 3 种布局：工具栏布局、融合布局和侧边布局，如图 6-11 所示为"融合布局"界面。

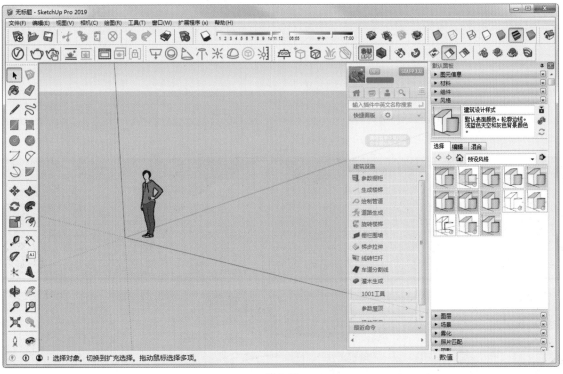

图 6-11

07 除了使用插件进行建模，还可以通过 SUAPP Pro 3.4（64bit）面板的【我的模型】选项卡来获取上万种免费的 SU 模型，单击选中一种模型，即可从"SketchUp 吧"官网下载模型到当前绘图区，如图 6-12 所示。

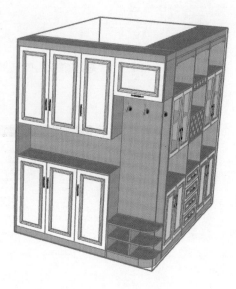

图 6-12

6.2 "云在亭"建筑造型设计案例

源文件：俯视图.jpg、立面图-1.jpg、立面图.jpg
结果文件：云在亭.skp
视频："云在亭"造型设计.wmv

"云在亭"位于北京林业大学校园内的一片小树林中，占地 120m²，是一座竹结构的景观亭，与优美的校园环境完美契合。如图 6-13 所示为"云在亭"的部分实景照片。

图 6-13

"云在亭"的主体由竹瓦、防水卷材、苇席、有机玻璃防水层、竹篾格网和竹梁结构组成，如图 6-14 所示。

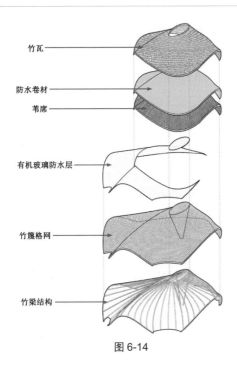

竹瓦

防水卷材

苇席

有机玻璃防水层

竹篾格网

竹梁结构

图 6-14

"云在亭"的建模将使用 SketchUp 的相关建模工具和 SUAPP 插件库中的部分插件共同完成。本例中将要使用到的插件包括画点工具（SUAPP 编号 188）、贝兹曲线（SUAPP 编号 96）、三维旋转（SUAPP 编号 295）、曲线放样（SUAPP 编号 427）、线转圆柱（SUAPP 编号 148）和拉线成面（SUAPP 编号 156）。

技术要点：

如果你的 SUAPP 插件库中没有本例中所使用的插件，可到插件库官网中搜索下载。另外，怎样知道你需要的 SUAPP 插件编号呢？这个需要在 SUAPP 官网中找到你所使用的插件，然后单击 GIF 图标，在弹出的页面中即可查看到插件编号，如图 6-15 所示。

图 6-15

整个建模流程包括导入参考图像、构建主体结构曲线、构建主体结构、其他组成结构设计。

6.2.1　导入参考图像

构建"云在亭"的主体曲线之前，需要导入"云在亭"项目的俯视图、立面图和剖面图等图像文件作为建模参考。

01 启动 SketchUp，选择【建筑 - 毫米】模板后进入操作主界面。

02 执行【相机】|【平行投影】命令，切换相机视图为平行视图。

03 按 F4 键（或单击【俯视图】按钮 ▣）切换到俯视图。

04 执行【文件】|【导入】命令，从本例源文件夹中导入"俯视图 .jpg"文件，并在坐标轴的原点双击，放置图像，如图 6-16 所示。

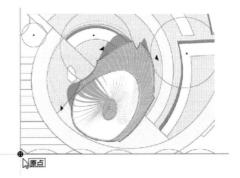

原点

图 6-16

技术要点：

双击放置图像，可以保持图像的原始比例。

05 使用工具集中的【移动】工具 ✛ 与【旋转】工具 ⟳，将图像平移并旋转，结果如图 6-17 所示。

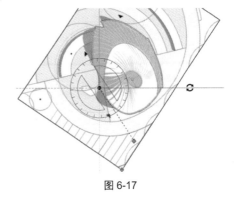

图 6-17

06 按 F6 键切换到前视图。执行【文件】|【导入】命令，从本例源文件夹中导入"立面图 .jpg"文件，并在原点位置双击放置图像，如图 6-18 所示。

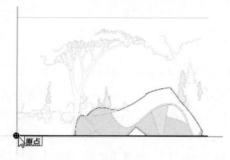

图 6-18

07 使用【移动】工具将"立面图"图像平移到如图 6-19 所示的位置。

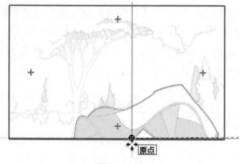

图 6-19

08 旋转视图,可见"立面图"图像中的门洞曲线与"俯视图"图像中的门洞曲线不重合,说明比例不相等,需要适当缩放"立面图"图像,如图 6-20 所示。

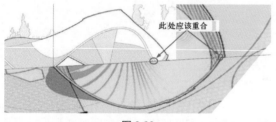

图 6-20

09 使用【缩放】工具 将"立面图"图像缩放后平移,以此核对两幅图像中的门洞曲线是否重合,可反复多次缩放与平移操作,直至完全重合为止,如图 6-21 所示。

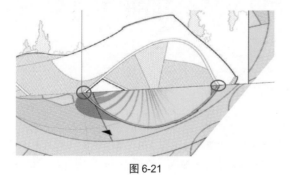

图 6-21

! **技术要点:**
每次导入图像文件时,图像都会不同,这一点需要注意。

6.2.2 构件主体结构曲线

主体的结构曲线构建方法是:先创建点,再参考背景图像移动点,最后以点构建空间曲线。

01 按 F4 键切换到俯视图。在 SUAPP 面板中输入插件编号 188 并按 Enter 键,随即显示【画点工具】插件图标 画点工具 ,单击此插件图标,然后参考图像创建多个点,如图 6-22 所示。

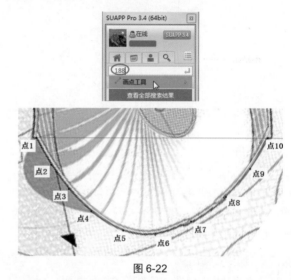

图 6-22

02 按 F6 键切换到前视图。参考"立面图"的背景图像,使用【移动】工具选取一个点,并将其平移到对应的立面图中门洞的曲线上,如图 6-23 所示。

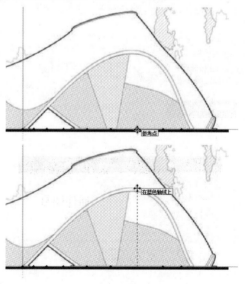

图 6-23

03 同理，将其余点逐一平移到对应的位置上，旋转视图，可以看到这些点在空间中的位置，如图 6-24 所示。

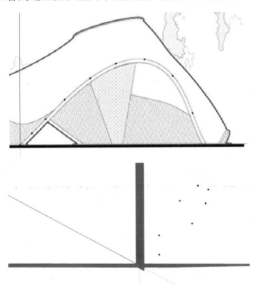

图 6-24

04 在 SUAPP 面板中输入插件编号 96 并按 Enter 键，在列出的搜索结果中单击【三次贝兹曲线】插件图标，然后在绘图区中依次选取点创建贝兹曲线，选取最后一个点后双击，以此结束曲线的创建操作，如图 6-25 所示。

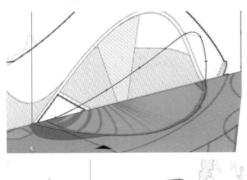

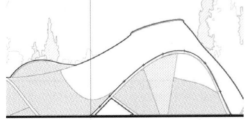

图 6-25

05 将"立面图 .jpg"图像顺时针旋转 90°，如图 6-26 所示。

06 切换到俯视图。利用 SUAPP 面板中的【画点工具】插件，参考"俯视图"中的小门洞轮廓，创建多个点，如图 6-27 所示。

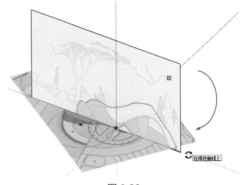

图 6-26

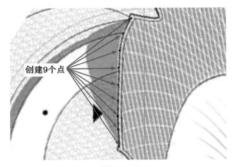

创建9个点

图 6-27

07 按 F8 键切换到左视图。参考"立面图 .jpg"图像，将上一步创建的多个点平移到对应的位置。由于没有小门的正向视图，因此，移动点时先移动中间的点，此时在中间点两侧的点可以同时选取并平移，以此形成对称，如图 6-28 所示。

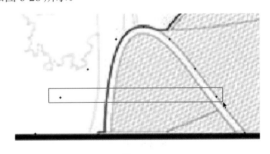

图 6-28

08 再利用【三次贝兹曲线】插件，依次选取点创建贝兹曲线，如图 6-29 所示。

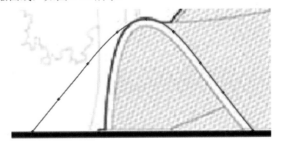

图 6-29

09 利用【旋转】工具将"立面图"图像顺时针旋转90°，如图 6-30 所示。

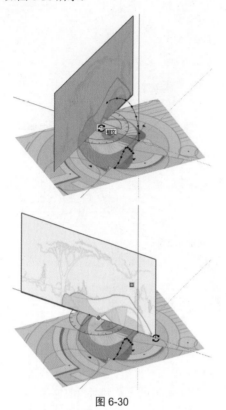

图 6-30

10 切换到俯视图。参考"俯视图"图像，利用【画点工具】插件工具创建多个点，如图 6-31 所示。

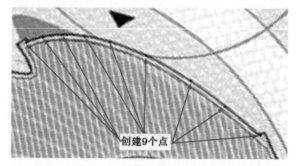

图 6-31

11 按 F5 键切换到后视图。适当平移"立面图"图像，也就是让第 3 个门洞的最高点垂直对应着多个点中的第 5 个点，如图 6-32 所示。

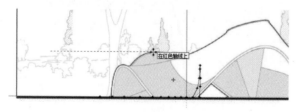

图 6-32

12 接着平移多个点，如图 6-33 所示。使用【三次贝兹曲线】插件创建贝兹曲线，如图 6-34 所示。最后调整贝兹曲线的平滑度，调整方法是：先平移点，然后右击贝兹曲线并执行快捷菜单中的【贝兹曲线 - 三次贝兹曲线】命令，拖动贝兹曲线的控制点到对应的点上即可。

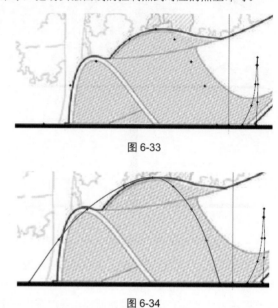

图 6-33

图 6-34

13 切换到俯视图。参考"俯视图"图像，利用【三次贝兹曲线】插件，创建贝兹曲线，将前面创建的 3 条空间曲线两两连接，如图 6-35 所示。

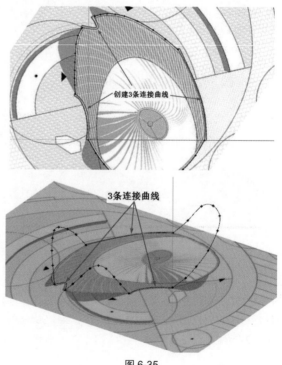

图 6-35

14 切换到后视图。使用【直线】工具 ✏ 参考"立面图"图像绘制一条水平直线，如图 6-36 所示。

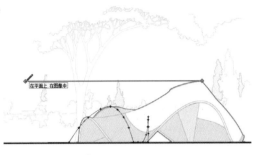

图 6-36

15 切换到俯视图。利用【三次贝兹曲线】插件，参考"俯视图"图像创建封闭的贝兹曲线（在绘制最后一个控制点时右击，在弹出的快捷菜单中执行【用曲线闭合曲线】命令即可），如图 6-37 所示。

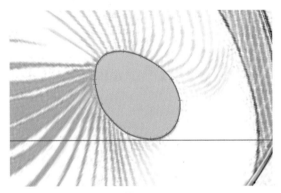

图 6-37

16 删除封闭贝兹曲线内的面，仅保留封闭曲线。切换到后视图，然后使用【移动】工具将封闭的贝兹曲线平移到水平直线上，如图 6-38 所示。

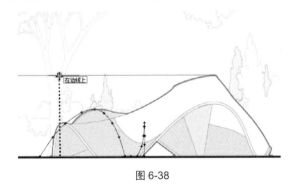

图 6-38

17 在 SUAPP Pro 3.4（64bit）面板中输入"旋转"，按 Enter 键后进行搜索，搜索到【三维旋转】插件。如果没有安装此插件，可单击【安装】按钮进行安装。单击 SUAPP 面板下方出现的【同步】按钮进行插件同步。如图 6-39 所示为安装完成【三维旋转】插件后的 SUAPP Pro 3.4（64bit）面板。

图 6-39

18 安装【三维旋转】插件后，单击【三维旋转】插件图标，在封闭曲线上选取旋转端点，如图 6-40 所示。

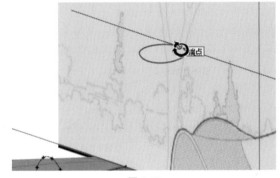

图 6-40

19 切换到左视图。选取旋转的第 1 个点，如图 6-41 所示。

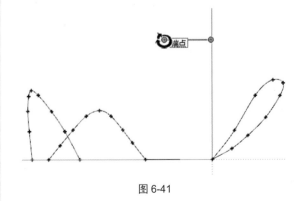

图 6-41

20 旋转第 2 个点，将封闭的曲线旋转一定的角度，如图 6-42 所示。

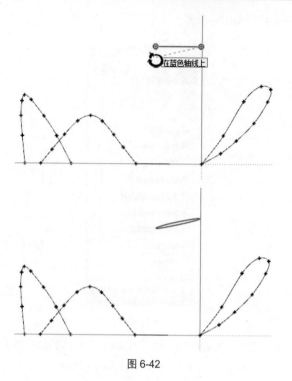

图 6-42

21 切换到俯视图，利用【画点工具】插件，参考竹梁
的布局创建 4 个点。切换到左视图，使用【移动】工具
将点垂直向上移动到相应位置，如图 6-43 所示。

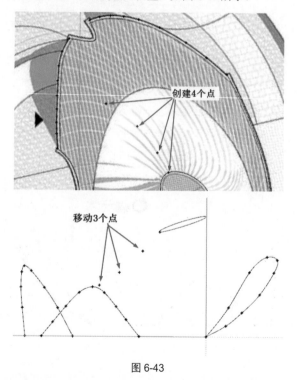

图 6-43

22 利用【三次贝兹曲线】插件，选取点并创建贝兹曲线，
如图 6-44 所示。

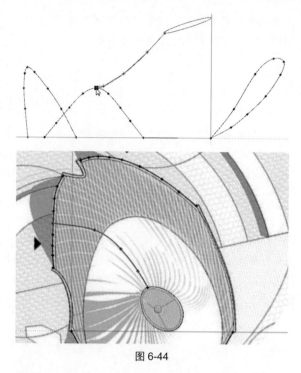

图 6-44

23 切换到俯视图。利用【画点工具】插件，创建并移动点，
结果如图 6-45 所示。

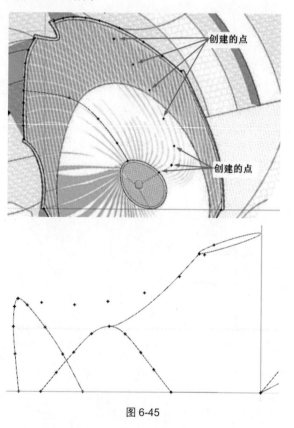

图 6-45

24 利用【三次贝兹曲线】插件依次选取点并创建贝兹
曲线，如图 6-46 所示。

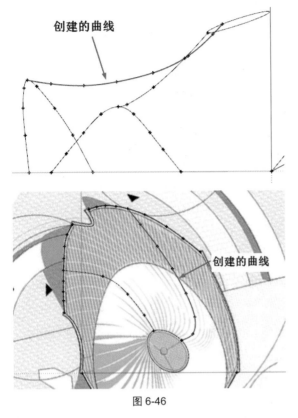

创建的曲线

图 6-46

25 同理，再使用【画点工具】插件创建如图 6-47 所示的点。切换到左视图，并参考图像移动点到合适位置。

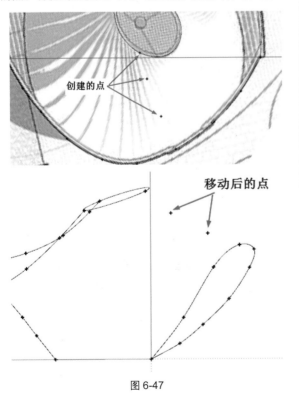

创建的点

移动后的点

图 6-47

26 利用【三次贝兹曲线】插件选取点来创建贝兹曲线，如图 6-48 所示。

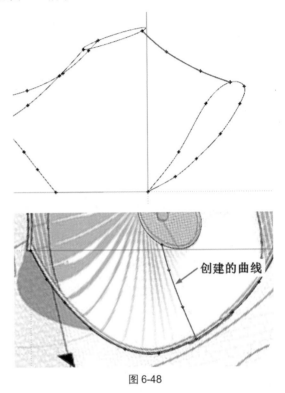

创建的曲线

图 6-48

27 同理，按此方法再创建 3 条贝兹曲线，如图 6-49 所示。至此完成了"云在亭"模型的结构曲线构建。

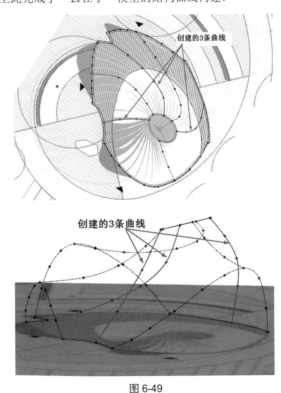

创建的3条曲线

创建的3条曲线

图 6-49

117

6.2.3 主体结构设计

从图 6-14 中可以看出"云在亭"由多种材质和结构组成，建模时需要将主体结构曲线复制多份，以作为各层结构设计的骨架曲线。主体结构包括主体竹梁结构、竹篾格网、有机玻璃防水层等。

1. 主体竹梁结构设计

01 切换到俯视图。选中【移动】工具，按住 Ctrl 键拖曳主体结构曲线，将主体结构曲线复制两份，如图 6-50 所示。

图 6-50

02 选中"立面图"参考图像，右击并在弹出的快捷菜单中执行【隐藏】命令将其隐藏。

03 参考"俯视图"图像，选中相邻的两条轮廓线（贝兹曲线），右击并在弹出的快捷菜单中执行【贝兹曲线 - 转换为】【固定段数多段线】命令，弹出【参数设置 [SUAPP. ME 汉化]】对话框，输入段数为 13，单击【好】按钮完成曲线的转换，如图 6-51 所示。

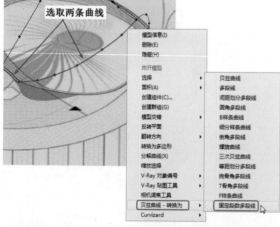

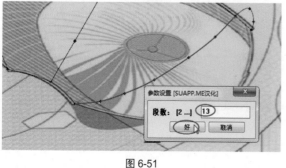

图 6-51

04 同样选取顶部的一段贝兹曲线，完成多段线的转换，如图 6-52 所示。

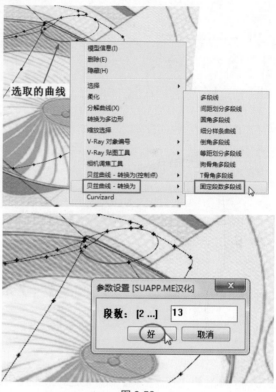

图 6-52

技术要点：

段数可大致参考"俯视图"图像中的竹梁数量，如果骨架曲线中间的竹梁数为 4，那么，转多段线时输入的段数就应该为 5，如图 6-53 所示。

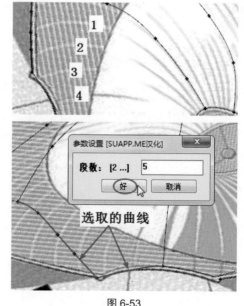

图 6-53

05 以此类推，其余外形轮廓曲线及顶部的曲线均按此方法进行转换。将转换完成的多段线复制一份，作为后续设计竹篾结构时的基本曲线。

06 在 SUAPP 面板中输入插件编号 427 并按 Enter 键搜索，搜出 3 个插件——轮廓放样、路径放样和曲线放样。单击【轮廓放样】插件图标，并在绘图区中框选主体结构曲线，如图 6-54 所示。

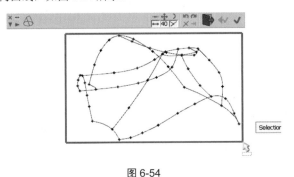

图 6-54

07 框选曲线后单击放样工具栏中的【确定】按钮 ✔️，进入预览模式查看轮廓线，如图 6-55 所示。

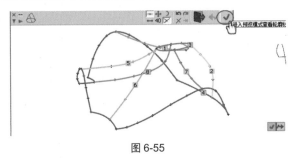

图 6-55

08 在放样工具栏中单击【仅生成表面横向线框】按钮 ▤，再单击【确定】按钮 ✔️，完成线框的创建操作，如图 6-56 所示。

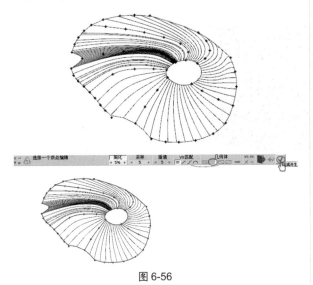

图 6-56

09 选中整个线框模型（自动生成的组件），右击并执行快捷菜单中的【炸开模型】命令，炸开线框模型。参考"俯视图"图像中的竹梁，将多余的线删除，结果如图 6-57 所示。

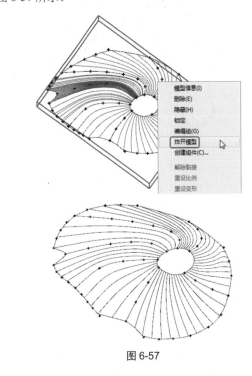

图 6-57

技术要点：
出现这种多余的曲线，主要是因为分段的问题，可以重新选择贝兹曲线并进行分段。

10 框选所有曲线，右击并执行快捷菜单中的【Curvizard】|【光滑曲线】命令，将多段线进行平滑处理，如图 6-58 所示。

图 6-58

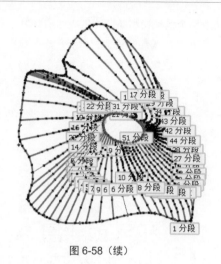

图 6-58（续）

11 切换到俯视图。参考"俯视图"图像，使用【圆】工具绘制一个圆，此圆要略大于图像中的圆，如图 6-59 所示。

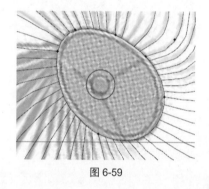

图 6-59

12 将顶部的圆和上一步绘制的圆进行复制，如图 6-60 所示。

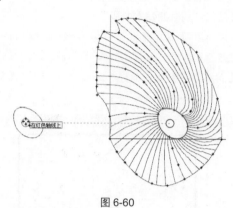

图 6-60

13 将复制出来的两个圆分别转换成段数为 30 的多段线。

14 框选两个圆，再单击【曲线放样】插件图标，生成放样曲面预览。在弹出的放样工具栏中单击【仅生成表面纵向线框】按钮，然后选取预览的线框，弹出【预览及参数设置面板】对话框。设置线框顶部的顶点旋转角度为 3 度，使其扭曲，最终单击【确定】按钮完成线框的创建，如图 6-61 所示。

> **! 技术要点：**
> 如果复制出来的圆是断开的，可以先使用【批量焊接】插件工具进行焊接后再转为多段线。

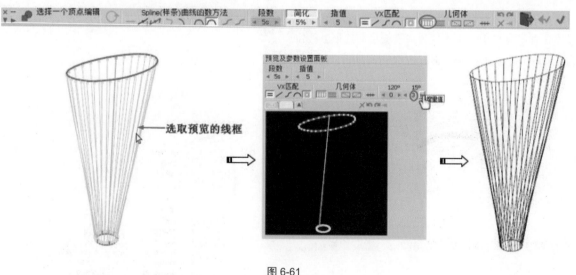

图 6-61

15 再次选中复制出来的两个圆，并单击【曲线放样】插件图标，生成放样曲面预览。在放样工具栏中设置【段数】为 3，单击【仅生成表面纵向线框】按钮和【仅生成表面横向线框】按钮，最后单击【确定】按钮完成线框的创建，如图 6-62 所示。

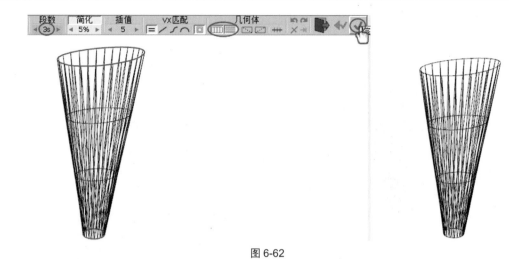

图 6-62

16 将创建的线框平移到先前的竹梁结构曲线中，如图 6-63 所示。右击并执行快捷菜单中的【炸开模型】命令，将创建的线框炸开。

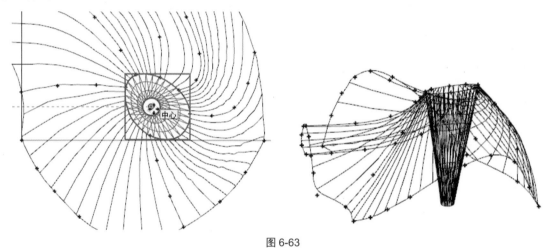

图 6-63

17 在 SUAPP 面板中输入插件编号 148，显示【线转圆柱】插件图标。选取所有竹梁结构曲线和线框内部的 4 条曲线，单击【线转圆柱】插件图标，弹出【参数设置】对话框。在该对话框中输入相应参数，单击【好】按钮创建竹梁结构，如图 6-64 所示。

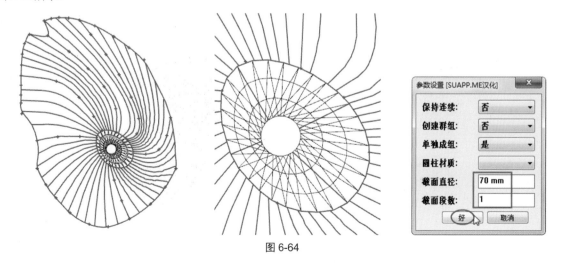

图 6-64

18 创建的竹梁结构如图 6-65 所示，使用余下的内部线框中的曲线创建截面直径为 20mm 的圆柱，如图 6-66 所示。

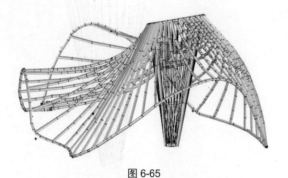

图 6-65

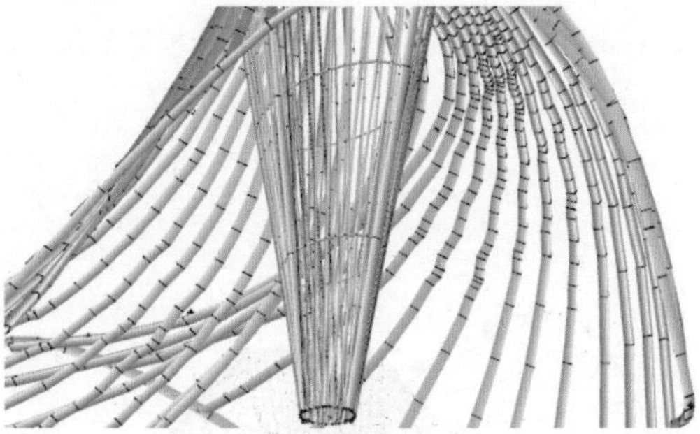

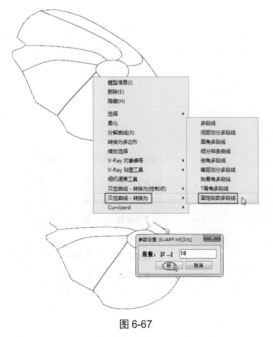

图 6-66

2. 创建竹篾格网

在复制的多段线线框中进行竹篾网格设计。

01 选取如图 6-67 所示的贝兹曲线转换成多段线，【段数】为 10。同理，将其余贝兹曲线也转换成多段线。

图 6-67

02 框选多段线，再单击 SUAPP 面板中的【轮廓放样】插件图标，在放样工具栏中单击【仅生成表面纵向线框】和【仅生成表面横向线框】按钮，再单击【确定】按钮，创建轮廓放样模型（自动结成群组的线框模型），如图 6-68 所示。

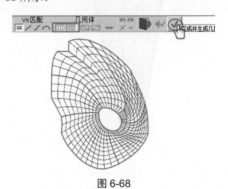

图 6-68

03 双击线框模型，选取所有的曲线按快捷键 Ctrl+C 进行复制，如图 6-69 所示。将线框模型隐藏，仅显示原有的多段线。

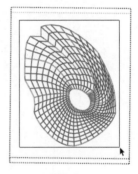

图 6-69

04 再次框选多段线，单击【轮廓放样】插件图标，在弹出的放样工具栏中单击【以虚拟矩形模式生成表面】按钮，创建曲面模型（自动生成群组），如图 6-70 所示。

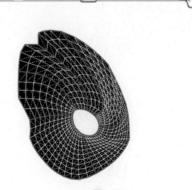

图 6-70

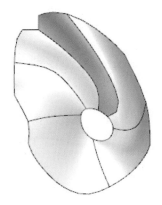

图 6-70 （续）

05 选取曲面模型，右击并执行快捷菜单中的【柔化 / 平滑边线】命令，在【柔化边线】面板中拖曳【法线之间的角度】滑块到 0.0 度，此时会显示所有的平滑曲线，如图 6-71 所示。

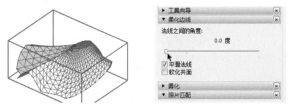

图 6-71

💡 **技术要点：**

　　注意，曲面模型中有个别曲面方向与其他曲面不一致，可以双击进入群组编辑状态，右击，在弹出的快捷菜单中执行【模型交错】命令，然后可以单独选取那个曲面（向相反方向）并右击，在弹出的快捷菜单中执行【反向平面】命令，即可保证所有曲面的方向是一致的。最后需要炸开群组模型，重新创建群组，以保证群组中的所有曲面成一个整体。另外，曲面操作后，尽量多复制几个副本以备后续使用。

06 双击曲面模型进入群组编辑状态，选取所有曲线、曲面后，在 SUAPP 面板中单击【清理曲线】插件图标🔁，完成曲面的清理，仅保留曲线。

07 执行【编辑】|【定点粘贴】命令，将先前复制的曲线粘贴进来，此时不要拖动鼠标，直接按 Delete 键删除亮显的结构线，此举可以删除横线和竖线，仅保留斜线，结果如图 6-72 所示。如果发现还存在残留的横线和竖线，可手动选取并删除，也可以多次执行【定点粘贴】命令来反复删除。将曲面模型群组暂时隐藏。

08 按此方法，再创建一个斜向相反的放样曲面模型（在放样工具栏中单击 按钮），定点粘贴并删除曲线后的结果如图 6-73 所示。

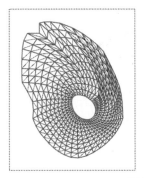

图 6-72

09 显示隐藏的曲面模型群组，得到如图 6-74 所示的网状曲线效果。框选所有曲面模型，右击并执行快捷菜单中的【炸开模型】命令，炸开群组。

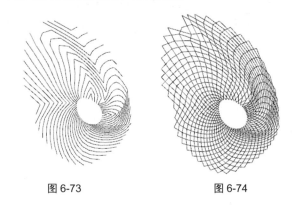

图 6-73　　　　　　　　　图 6-74

10 框选网状曲线，在 SUAPP 面板中单击【线转圆柱】插件图标🔧，创建截面直径为 20mm 的圆柱，如图 6-75 所示。

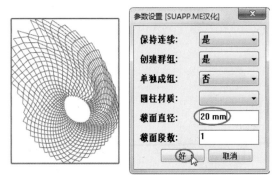

图 6-75

11 创建的圆柱就是竹篾格网，如图 6-76 所示。自行为竹篾格网赋予一种材质，并将其平移到竹梁结构中，如图 6-77 所示。

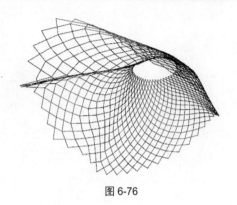

图 6-76

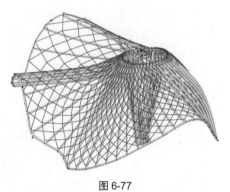

图 6-77

3. 创建有机玻璃防水层

01 框选第一个复制的主体结构曲线，在 SUAPP 面板中单击【轮廓放样】插件图标 ，此时绘图区中显示放样预览和放样工具栏。

02 单击放样工具栏中的【确定】按钮 ，完成放样曲面模型的创建，如图 6-78 所示。

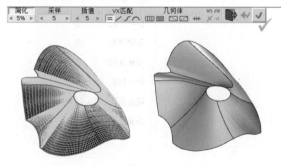

图 6-78

03 双击曲面模型，进入群组编辑状态。选中曲面，在 SUAPP 面板中搜索"加厚推拉"，然后单击【加厚推拉】插件图标 ，在数值栏中输入 50mm，按 Enter 键完成曲面的加厚操作，创建具有厚度的模型，如图 6-79 所示。

04 这个加厚的模型就是有机玻璃防水层，为其赋予玻璃材质。最后平移到竹梁结构中，效果如图 6-80 所示。

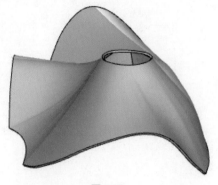

图 6-79

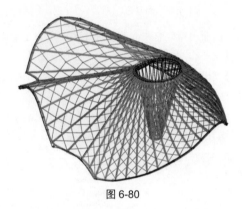

图 6-80

4. 创建竹瓦、防水卷材、苇席

除前面创建的竹梁结构、竹篾格网和有机玻璃防水层外，还有竹瓦、防水卷材和苇席需要创建。这 3 种结构的创建方法和过程是完全相同的，下面仅介绍创建竹瓦的过程。

01 显示隐藏的"俯视图"图像，并将图像平移到第 2 个结构曲线位置上。

02 利用【画点曲线】插件并参考图像创建点，如图 6-81 所示。

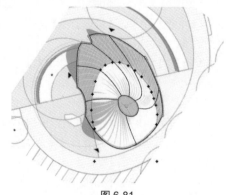

图 6-81

03 利用【三次贝兹曲线】插件和【直线】工具，参考这些点绘制出如图 6-82 所示的封闭曲线。

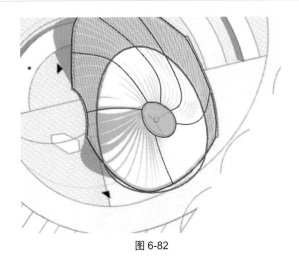

图 6-82

04 框选主体结构曲线，单击【轮廓放样】插件图标 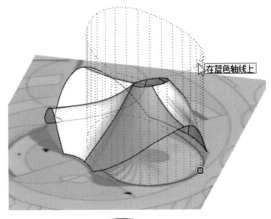，此时绘图区中显示放样预览和放样工具栏。

05 单击放样工具栏中的【确定】按钮 ✅，完成放样曲面模型的创建，如图 6-83 所示。右击并执行快捷菜单中的【炸开模型】命令，炸开曲面模型。

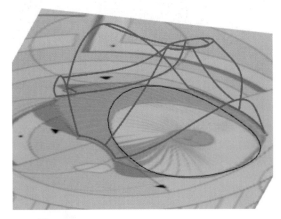

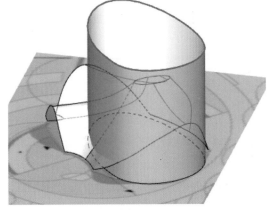

图 6-84

07 利用【生成泡泡】插件工具，创建上、下封闭面，如图 6-85 所示。

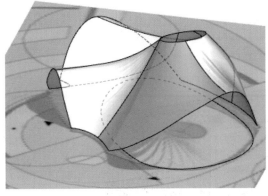

图 6-83

06 选取封闭曲线，在 SUAPP 面板中输入 156 或 "拉线成面"，然后单击【拉线成面】插件图标，选取封闭曲线上的一点作为拉出起点，往上拉出曲面，如图 6-84 所示。

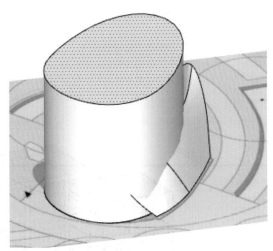

图 6-85

08 框选放样曲面、拉伸面和封闭面并右击，在弹出的快捷菜单中执行【模型交错】|【模型交错】命令，可得模型相交曲线，如图 6-86 所示。

125

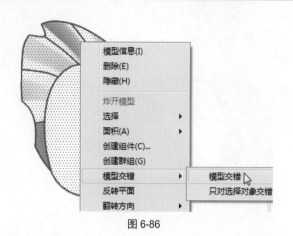

图 6-86

09 产生相交曲线后，将多余曲面删除，结果如图 6-87 所示。

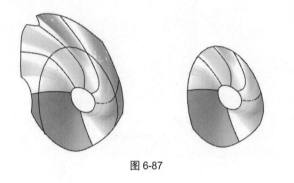

图 6-87

10 最后利用【加厚推拉】插件工具，推拉出厚度为 50mm 的薄壳。

11 为插件的薄壳赋予木材质，并将其平移到竹梁结构中。至此，完成了"云在亭"的造型设计，如图 6-88 所示。

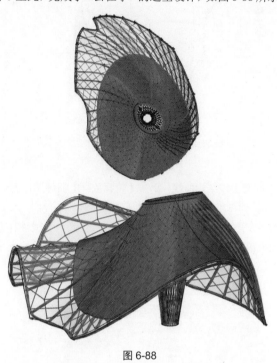

图 6-88

6.3 基于 BIM 的办公楼建筑结构设计案例

源文件：\Ch06\ 商业楼 .skp
结果文件：\Ch06\ 办公楼 BIM 结构设计 .skp
视频：\Ch06\ 办公楼 BIM 结构设计 .wmv

前面介绍了 SUAPP 插件库的安装与界面布局设置，接下来利用 SUAPP 插件库中的 BIM 建筑插件完成一个办公楼的结构设计，如图 6-89 所示为创建的办公楼结构模型。

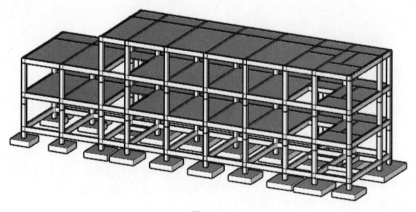

图 6-89

6.3.1　轴网设计

由于在本例中会多次使用 BIM 建模工具，所以特将 SUAPP 插件库中【轴网墙体】类型下的【BIM 建模】组单独成立一个应用类型，也就是重新创建一个分类，以便快速找到 BIM 建模工具，如图 6-90 所示。

图 6-90

技术要点：

先将【我的插件库】网页端删除【BIM 建模】组，重新到插件库页面下载并安装此插件组，如图 6-91 所示。

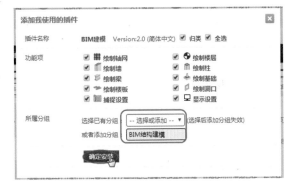

图 6-91

在 BIM 结构设计流程中，首先要建立轴网。

01 执行【文件】|【导入】命令，从本例"源文件 \Ch06\ 结构图纸"源文件夹中导入"基础平面布置图 .dwg"图纸，如图 6-92 所示。

技术要点：

在建模时，最好通过 AutoCAD 软件打开相关的图纸，可以参考图纸中的尺寸进行建模，因为在 SketchUp 中导入图纸是没有尺寸显示的。

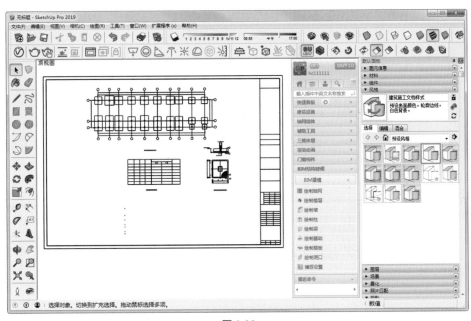

图 6-92

02 执行【相机】|【平行投影】命令，将视图切换为平行视图。

03 利用【移动】工具 ✥ 以图纸轴网中左下角的轴线交点作为平移起点，将图纸移至坐标系原点，如图 6-93 所示。

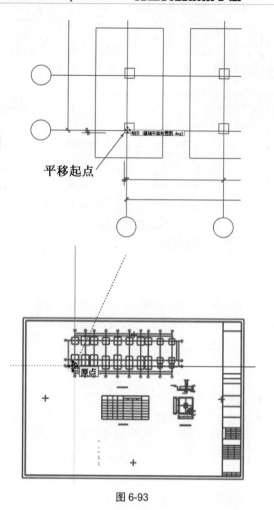

平移起点

图 6-93

04 在 SUAPP 插件库面板的【BIM 结构建模】分类【BIM 建模】组中单击【绘制轴网】按钮▦，弹出【绘制轴网】对话框。参考 AutoCAD 软件中的"基础平面布置图 .dwg"图纸尺寸，在该对话框中输入【水平轴线】为 1@2.1m,7.2m，在【垂直轴线】文本框中输入 8@4m,3.3 m,4.5m,4.5m,4.5m,4.5m,3m,4.5m,4.5m，如图 6-94 所示。

图 6-94

技术要点：
　　水平轴线表示轴网中编号为字母的轴线，垂直轴线为数字编号的轴线。1@2.1m,7.2m 的意思是：数字 1 表示第一个轴线间距的副本数，1 表示保持原有轴线，如果改成 2，那么，在原有轴线的前面会增加 1 条轴线（轴线间距也是为 2.1m），所有只写 1 即可；@ 表示相对坐标输入；2.1m 表示水平轴线第一条与第二条之间的间距为 2.1 米；7.2m 表示第二条与第三条轴线之间的间距为 7.2 米，轴线之间的间距值必须以半角逗号（,）隔开。垂直轴线文字框中的文字意义也是如此。

05 在工具集中选中【尺寸】工具，标注轴线，如图 6-95 所示。标注轴线时暂时将导入的图纸移开。

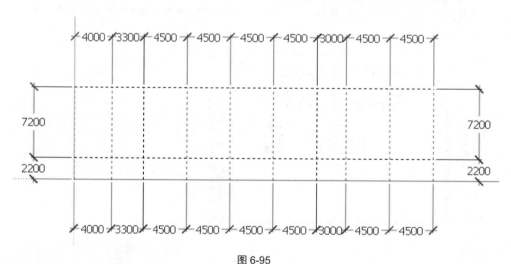

图 6-95

技术要点：
　　尺寸标注默认为带单位（m）的，可以执行【窗口】|【模型信息】命令，在弹出的【模型信息】对话框中取消选中【显示单位格式】复选框，将单位隐藏。

6.3.2　地下层基础与结构柱设计

本例的建筑基础尺寸可按照基础平面布置图中的"基础配筋表"来确定。基础为独立基础，且形状及尺寸各一，但为了简化建模，这里将所有基础的高度 H 值统一为 600mm，基础底座的标高设置为−720mm（基础顶标高为−120mm），要参考的基础平面布置图如图 6-96 所示，具体操作如下。

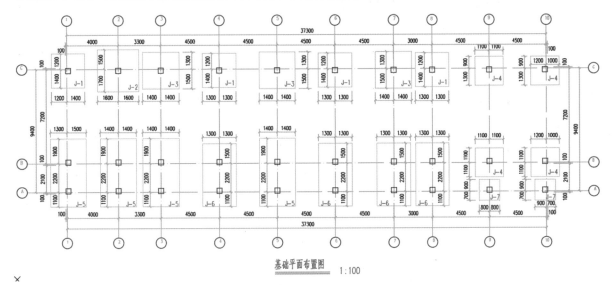

基础平面布置图　1:100

图 6-96

01 创建基础标高。在【BIM 建模】组中单击【绘制楼层】按钮 🌐，在弹出的【绘制楼层】对话框中设置【标高】值为 3600，单击【确定】按钮完成标高的设置，如图 6-97 所示。

图 6-97

 技术要点：
楼层标高可以参考本例源文件夹中的"教学楼（建筑、结构施工图）.dwg"图纸中的立面图。BIM 结构建模插件的标高目前不能创建 0 标高或负标高，所以只能先创建出一层的标高，待创建基础后，将所有基础的模型向下移动即可。

02 在【视图】工具条中单击【俯视图】按钮 📋，切换到俯视图。单击【绘制基础】按钮 ⬇，弹出【绘制基础】对话框。首先创建 J-1 编号的基础，输入基础参数后单击【确定】按钮，如图 6-98 所示。

图 6-98

03 参考基础平面布置图，将基础模型放置在视图中，如图 6-99 所示。

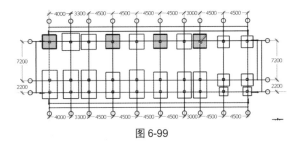

图 6-99

04 同理，陆续将 J-2（3200mm×3200mm×600mm）、J-3（2800mm×2800mm×600mm）、J-4（2200mm×2200mm×600mm）、J-5（5200mm×2800mm×600mm）、J-6（4800mm×2600mm×600mm） 和 J-7（1600mm×1600mm×600mm）等基础模型放置在视图中，完成结果如图 6-100 所示。

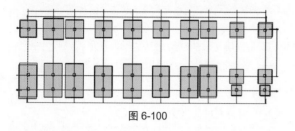

图 6-100

05 使用【平移】工具，先将视图中的基础模型与导入图纸中的基础线对齐，如图 6-101 所示。

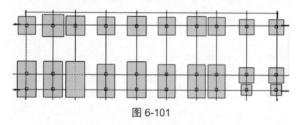

图 6-101

06 接下来创建结构柱。地下层结构柱的尺寸可以参考"结构图纸"文件夹中的"一层柱配筋平面布置图 .dwg"文件。所有结构柱的形状及尺寸都是相同的，所以仅创建一根结构柱并复制出其他结构柱即可。在【BIM 建模】组中单击【绘制柱】按钮 📱，弹出【绘制柱】对话框。选择【混凝土】材质和【矩形】类型，设置宽度与长度均为 400mm，如图 6-102 所示。

图 6-102

07 在俯视图中放置结构柱，如图 6-103 所示。柱子的默认高度为楼层标高高度，由于放置柱子时参考柱顶部，而且参考了导入图纸，所以放置的结构柱全部在图纸下。

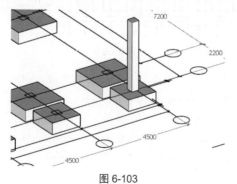

图 6-103

08 切换到前视图。通过【移动】工具，将所有独立基础模型向下平移 −1200mm，如图 6-104 所示。

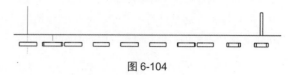

图 6-104

09 旋转视图，放大显示结构柱底部。在 SUAPP 插件库面板【辅助工具】分类下的【超级推拉】组中单击【加厚推拉】按钮 ⬇️，然后选取柱子底部面，向下推拉出 1200mm 的长度，并连接到基础上，如图 6-105 所示。

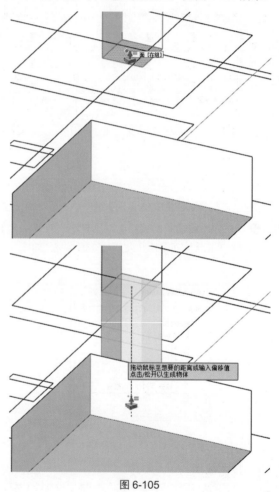

图 6-105

10 选中【移动】工具，按住 Ctrl 键将结构柱复制到其他基础上，完成结果如图 6-106 所示。

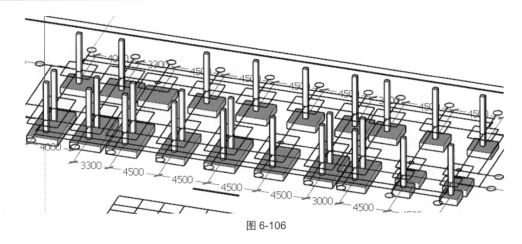

图 6-106

6.3.3　一层结构设计

　　一层的结构包括从 0 标高到 3600mm 标高的地梁、结构柱（已创建）、一层结构梁、结构楼板等，具体操作如下。

01 在视图中删除导入的基础平面布置图。导入"地梁配筋图 .dwg"图纸，将图纸按照基础平面布置图时的位置进行对齐操作，如图 6-107 所示。

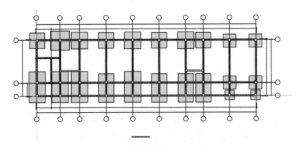

图 6-107

02 先将结构柱全部隐藏。选中所有结构柱并右击，在弹出的快捷菜单中执行【隐藏】命令，即可隐藏对象。

03 在【BIM 建模】组中单击【绘制梁】按钮，弹出【绘制梁】对话框。设置地梁的尺寸后单击【确定】按钮，如图 6-108 所示。

图 6-108

04 以轴网为参考绘制结构梁（以"线框"显示模型），

如图 6-109 所示。绘制的梁模型是以轴线为中心进行绘制的，而图纸中梁的左、右两侧是不对称的，所以使用【移动】工具移动梁模型与图纸中的梁对齐。

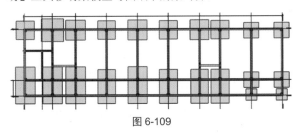

图 6-109

> **技术要点：**
> 　　绘制一段梁体后按 Esc 键结束，可以继续绘制其他梁体。如果要结束操作，按 Enter 键即可。

05 同理，再绘制出 200×450 的结构梁，如图 6-110 所示。

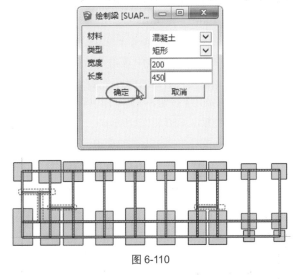

图 6-110

06 在插件库面板【辅助工具】分类的【超级推拉】组中单击【跟随推拉】按钮，对 4 个角落结构梁交汇处做推拉面操作，如图 6-111 所示。

图 6-111

07 在【实体工具】工具栏中选择【实体外壳】工具 🧊，将结构梁两两合并。

08 执行【编辑】|【取消隐藏】|【全部】命令，显示隐藏的结构柱。

09 创建一层的结构梁（参考"二层梁配筋图 .dwg"）。将地梁复制到结构柱顶部（向上移动并复制 3600mm），如图 6-112 所示。

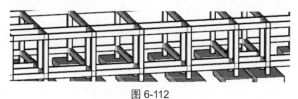

图 6-112

10 最后创建一层的楼板（参考"二层板配筋图 .dwg"图纸）。在【BIM 建模】组中单击【绘制楼板】按钮 🧱，弹出【绘制楼板】对话框。设置楼板【厚度】为 120mm，单击【确定】按钮，在俯视图中绘制楼板边界，系统自动创建楼板，如图 6-113 所示。

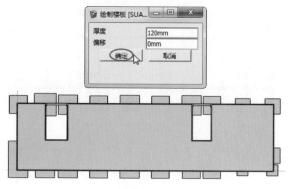

图 6-113

11 一层结构楼板设计完成，效果如图 6-114 所示。

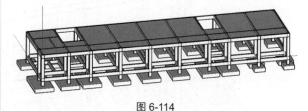

图 6-114

6.3.4 二、三层结构设计

二层结构设计其实比较简单，其结构与第一层是完全相同的。

01 切换到前视图。在视图中框选一层中的结构柱、结构梁和结构楼板，利用【移动】工具，按住 Ctrl 键向上移动复制 3600mm，结果如图 6-115 所示。

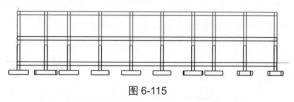

图 6-115

02 三层与二层略有不同，但可以复制部分结构到三层中，结构楼层需要重新创建，复制效果如图 6-116 所示。

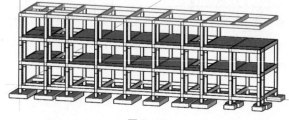

图 6-116

03 将三层结构的梁选中，右击并执行快捷菜单中的【炸开模型】命令进行分解。

04 利用【直线】工具绘制直线分割曲面，分割曲面后将直线删除，得到如图 6-117 所示的结果。

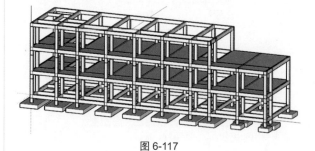

图 6-117

05 先创建楼层，然后在【BIM 建模】组中单击【绘制楼板】

按钮 ，创建三层的结构楼板（绘制之前），如图 6-118 所示。

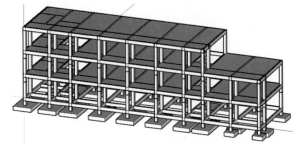

图 6-118

06 可利用【实体工具】工具栏中的【实体外壳】工具，将梁、柱、楼板等构件全部合并。至此就完成了办公楼的结构设计。至于建筑设计及装饰设计部分，可以利用【建筑设施】分类及【门窗构件】分类中的工具完成创建。

第7章

景观地形设计

本章介绍如何使用 SketchUp 中的沙箱工具，创建不同的地形场景。

知识要点

✦ 地形在景观中的应用

✦ 沙箱工具

✦ 地形创建综合案例

7.1　地形在景观中的应用

从地理角度看，地形是指地貌和地物的统称。地貌是地面高低起伏的自然形态；地物是地面自然形成和人工建造的固定物体。不同地貌和地物的结合就会形成不同的地形，如平原、丘陵、山地、高原、盆地等。如图7-1和图7-2所示为常见的丘陵地形。

图 7-1

图 7-2

7.1.1 景观结构作用

在景观设计的各个要素中，地形可以说是最重要的。地形是景观设计各个要素的载体，为其他要素如水体、植物、构筑物等的存在提供一个依附的平台。地形就像动物的骨架一样，没有地形就没有其他各种景观元素的立身之地，没有理想的景观地形，其他景观设计要素就不能很好地发挥作用。从某种意义上讲，景观设计中的微地形决定着景观方案的结构关系，也就是说，在地形的作用下，景观中的轴线、功能分区、交通路线才能有效结合。

7.1.2 美学造景

地形在景观设计中的应用发挥了极大的美学作用。微地形可以更容易地模仿出自然的空间，如林间的斜坡、点缀着棵棵松柏、杉木以及遍布雪松的深谷等。中国的绝大多数古典园林都是根据地形来设计的，例如苏州园林的名作——狮子林和网师园，无锡的寄畅园，扬州的瘦西湖等。它们都充分地利用了微小地形的起伏变化，或山或水，对空间进行了精心巧妙的构建，从而营造出让人难以忘怀的自然意境，给人以美的享受。

地形在景观设计中还可以起到造景的作用。微地形既可以作为景物的背景，以衬托主景，同时也起到了增加景观深度、丰富景观层次的作用，使景点有主有次。由于微地形本身所具备的特征——波澜起伏的坡地、开阔平坦的草地、水面和层峦叠嶂的山地等，其自身就是景观。而且地形的起伏为绿化植被的立面发展创造了良好的条件，避免了植物种植的单一和单薄化，使乔木、灌木、地被等各类植物各有发展空间，相得益彰。如图 7-3 和图 7-4 所示为景观地形设计效果。

图 7-3

图 7-4

7.1.3　工程辅助作用

　　众所周知，城市是非农业人口聚集的地区。城市空间给人一种建筑感和人工色彩非常厚重的压抑感。景观行业的兴起在很大程度上源自人们对这种压抑的反抗。如明代计成所言"凡结林园，无分村郭，地偏为胜"，可见今天的城市限制了景观园林存在的方式。地形在改变这一状况上，发挥了很大的作用。地形可以通过控制景观视线来构成不同的空间类型，例如，坡地、山体和水体可以构成半封闭或封闭的景观公园。

　　地形的采用有利于景区内的排水，防止地面积涝。如在我国南方地区，降水量比较充沛，微地形的起伏有助于雨水的排放。微地形的利用还可以增加城市绿地量，据研究表明，在一块面积为 $5m^2$ 的平面绿地上可种植树木 2~3 棵，而设计成起伏的微地形后，树木的种植量可增加 1~2 棵，绿地量增加了 30%。

7.2　沙箱工具

　　SketchUp 的沙箱工具，又称地形工具，使用该工具可以生成和操纵表面。包括根据等高线创建、根据网络创建、曲面起伏、曲面平整、曲面投射、添加细部、对调角线 7 种工具，如图 7-5 所示为【沙箱】工具栏。

图 7-5

　　在初次使用 SketchUp 时，沙箱工具栏是不会显示在工具栏区域的，需要调取。在工具栏空白位置右击，并在弹出的快捷菜单中选择【沙箱】命令，可以调出【沙箱】工具栏，如图 7-6 所示。或者在菜单栏选择【视图】|【工具栏】命令，在弹出的【工具栏】对话框中选中【沙箱】复选框即可，如图 7-7 所示。

图 7-6

图 7-7

7.2.1　等高线创建工具

　　等高线创建工具可以封闭相邻等高线形成三角面。等高线可以是直线、圆、圆弧、曲线，将这些闭合或者不闭合的线形成一个面，从而产生坡地。

实例：创建等高线

01　选择【圆】工具 ，绘制几个封闭曲面，如图 7-8 所示。

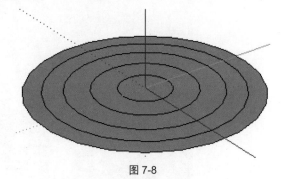

图 7-8

02　因为需要的是线而不是面，所以删除面，如图 7-9 所示。

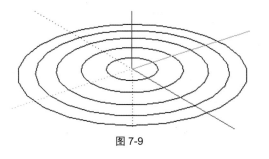

图 7-9

03 使用【选择】工具 ▶ 将每条线都选中，利用【移动】工具 ✤，移动每条线并与蓝轴对齐，如图 7-10 所示。

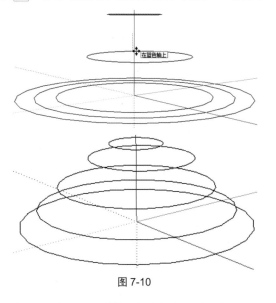

图 7-10

04 利用【选择】工具 ▶ 选中等高线，最后使用【根据等高线创建】工具 ➲ 创建一个像小山丘的等高线坡地，如图 7-11 所示。

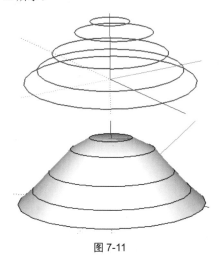

图 7-11

7.2.2 根据网格创建工具

根据网格创建工具主要用来绘制平面网格，只有与

其他沙箱工具配合使用，才能得到相应的效果。

【例 7-2】 创建网格

01 选择【根据网格创建】工具 ▦，在数值文本框出现以"栅格间距"为名称的输入栏，输入 2000，按 Enter 键结束操作。

02 在场景中单击确定第一点，向右单击拖动，如图 7-12 所示。

图 7-12

03 单击确定第二点，向下拖动鼠标，如图 7-13 所示。

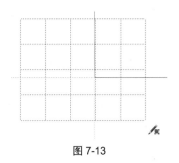

图 7-13

04 单击确定网格面，从俯视图转换到等轴视图，如图 7-14 所示。

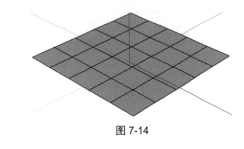

图 7-14

7.2.3 曲面起伏工具

曲面起伏工具，主要用于对平面线和点进行拉伸，改变它的起伏度。

实例：创建曲面起伏

01 双击网格，进入网格编辑状态，如图 7-15 所示。

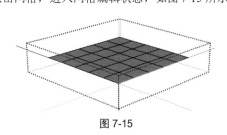

图 7-15

02 选择【曲面起伏】工具 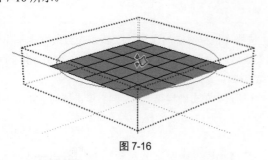，开启曲面起伏创建，如图 7-16 所示。

图 7-16

03 红色的圈代表半径，数值文本框输入值可以改变半径大小，如输入 5000，按 Enter 键结束操作。在网格中按住鼠标左键并向上拖动，释放鼠标并在场景中单击，最终效果如图 7-17 所示。

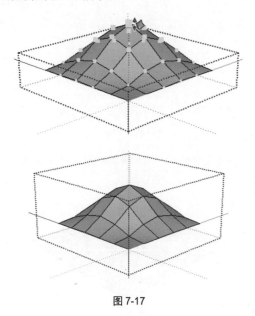

图 7-17

04 在数值文本框中改变半径大小，如输入 500，曲面起伏线效果如图 7-18 所示。

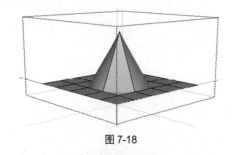

图 7-18

7.2.4 曲面平整工具

当模型处于有高差距离倾斜时，使用曲面平整工具可以偏移一定的距离将模型放在地形上。

实例：创建曲面平整效果

01 绘制一个矩形模型，移动放置到地形中，如图 7-19 所示。

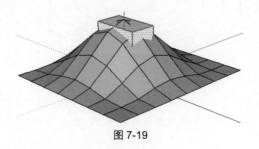

图 7-19

02 再移动放置到地形上方，如图 7-20 所示。

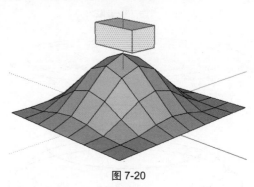

图 7-20

03 选择【曲面平整】工具 ，此时矩形模型下方出现一个红色底面，如图 7-21 所示。

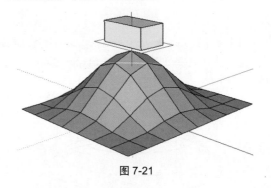

图 7-21

04 单击地形并向上单击拖动，使矩形模型与曲面对齐，如图 7-22 所示。

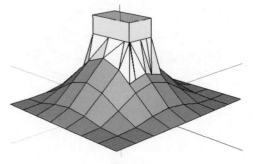

图 7-22

7.2.5　曲面投射工具

曲面投射有两种用法：一是将地形投射到水平面上，在平面上绘制路网；二是在平面上绘制路网，再把路网放到地形上。

实例：地形投射平面

将地形投射到一个长方形平面上进行操作。

01 在地形上方创建一个长方形平面，如图 7-23 所示。

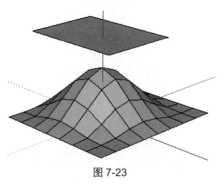

图 7-23

02 使用【选择】工具选中长方形平面，再选中【曲面投射】工具 🖰，如图 7-24 所示。

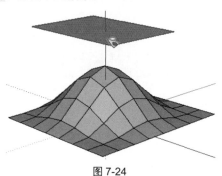

图 7-24

03 在长方形上单击以确定，则将地形投射在水平面上，如图 7-25 所示。

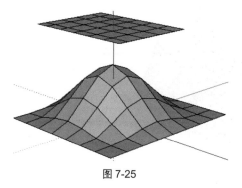

图 7-25

实例：平面投射地形

将一个圆平面投射到地形上，步骤如下。

01 在地形上方创建一个圆平面，如图 7-26 所示。

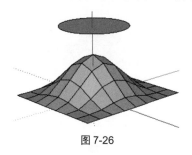

图 7-26

02 使用【选择】工具选中地形，再选中【曲面投射】工具 🖰，如图 7-27 所示。

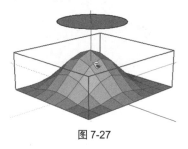

图 7-27

03 在地形上单击以确定，则将平面投射到地形中，如图 7-28 所示。

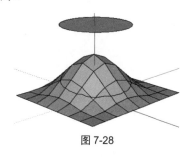

图 7-28

7.2.6　添加细部工具

添加细部工具主要是将网格地形按需要进行细分，以达到精确的地形效果。

实例：细分网格

01 双击进入网格地形编辑状态，如图 7-29 所示。

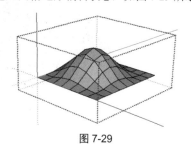

图 7-29

02 选中网格地形，如图 7-30 所示。

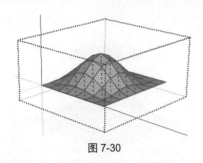

图 7-30

03 选中【添加细部】工具 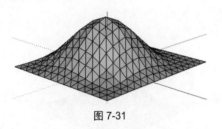，当前选中的几个网格被细分，如图 7-31 所示。

图 7-31

7.2.7 对调角线工具

对调角线工具主要是对四边形的对角线进行翻转变换，对模型进行微调。

实例：对调角线

01 双击网格地形进入编辑状态，选中【对调角线】工具 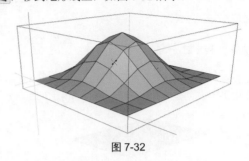，移到地形线上，如图 7-32 所示。

图 7-32

02 单击对角线，此时对角线发生翻转，如图 7-33 所示。

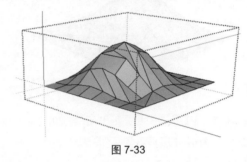

图 7-33

7.3 地形创建综合案例

本节主要利用沙箱工具绘制地形场景，包括山峰地形、山丘地形、地形场景、颜色渐变地形、卫星地形，使读者能迅速掌握创建不同地形场景的方法。

实例：创建山峰地形

本例主要利用沙箱工具绘制山峰地形，其效果如图 7-34 所示。

图 7-34

　结果文件：\Ch07\ 山峰地形 .skp
　　　　　　视频：\Ch07\ 山峰地形 .wmv

01 选中【根据网格创建】工具 ，在数值文本框中将栅格间距设为 2000mm，绘制网格地形，如图 7-35 所示。

图 7-35

02 双击进入网络地形编辑状态，如图 7-36 所示。

图 7-36

03 选中【曲面起伏】工具 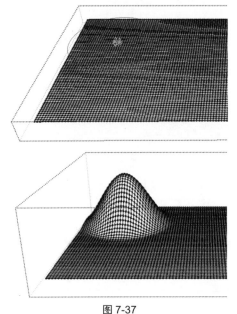，在数值文本框中设定半径值，拉伸网格，如图 7-37 所示。

图 7-37

04 继续拉伸出有高低层次感的连绵山峰效果，如图 7-38 所示。

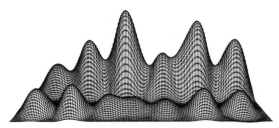

图 7-38

05 选中地形，在【柔化边线】面板中选中【平滑法线】和【软化共面】复选框，如图 7-39 所示。

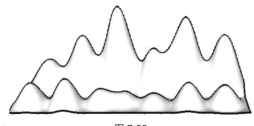

图 7-39

06 在【材质】面板中找到一种适合山峰的"模糊植被 02"材质并赋予地形，如图 7-40 所示。

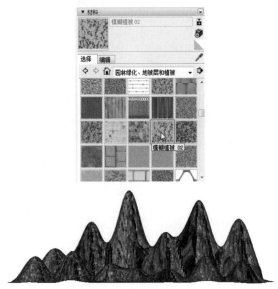

图 7-40

实例：创建颜色渐变地形

本例主要利用一张渐变图片对地形进行投影，如图 7-41 所示为完成效果图。

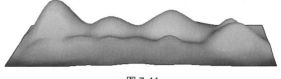

图 7-41

结果文件：\Ch07\ 渐变地形 .skp
视频：\Ch07\ 渐变地形 .wmv

01 在 Photoshop 软件中利用【渐变】工具，制作一张颜

141

色渐变的图片，如图 7-42 和图 7-43 所示。完成后导出为图片格式文件。

图 7-42

图 7-43

02 在 SketchUp 中使用【根据网格创建】工具绘制网格地形，如图 7-44 所示。

图 7-44

03 双击进入编辑状态，使用【曲面起伏】工具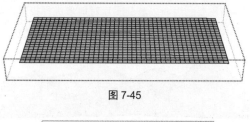，创建山体，如图 7-45~ 图 7-47 所示。

图 7-45

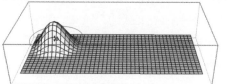

图 7-46

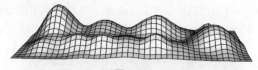

图 7-47

04 在【柔化边线】面板中选中【平滑法线】和【软化共面】复选框，得到平滑地形效果，如图 7-48 和图 7-49 所示。

图 7-48

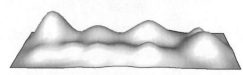

图 7-49

05 执行【文件】|【导入】命令，导入渐变颜色图片，摆放在合适的位置，如图 7-50 所示。

图 7-50

06 使用【缩放】工具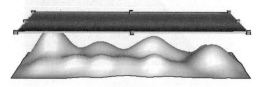适当缩放图片大小，使其与地形相吻合，如图 7-51 所示。

图 7-51

07 分别选中图片和地形并右击，在弹出的快捷菜单中选择【分解】命令，如图 7-52 所示。

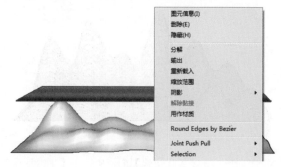

图 7-52

08 在【材质】面板中单击【样本颜料】按钮 ✏，吸取图片材质到【材质】面板中，如图 7-53 和图 7-54 所示。

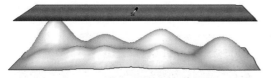

图 7-53

图 7-54

09 将材质赋予地形，如图 7-55 所示。

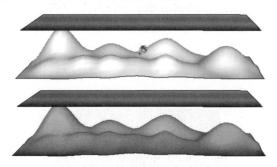

图 7-55

10 删除图片，渐变山体效果如图 7-56 所示。

图 7-56

实例：创建卫星地形

本例主要利用一张卫星地形图片对地形进行投影，如图 7-57 所示为完成效果图。

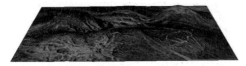

图 7-57

源文件：\Ch07\卫星地图 .jpg
结果文件：\Ch07\卫星地形 .skp
视频：\Ch07\卫星地形 .wmv

01 使用【根据网格创建】工具 绘制网格地形，如图 7-58 所示。

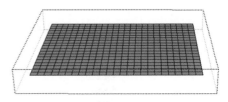

图 7-58

02 双击网格地形进入编辑状态，使用【曲面起伏】工具 创建起伏地形，如图 7-59 和图 7-60 所示。

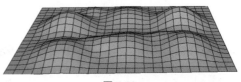

图 7-59

图 7-60

03 选中起伏地形，使用【添加细部】工具 细分曲面，结果如图 7-61 所示。

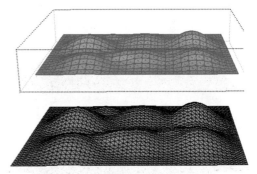

图 7-61

04 在【柔化边线】面板中选中【平滑法线】和【软化共面】复选框，得到平滑地形效果，如图 7-62 所示。

图 7-62

143

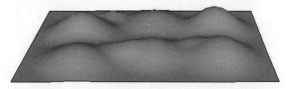

图 7-62（续）

05 执行【文件】|【导入】命令，导入卫星地形图片，如图 7-63 所示。

图 7-63

06 分别选中图片和地形并右击，在弹出的快捷菜单中选择【分解】命令，如图 7-64 所示。

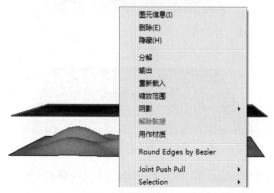

图 7-64

07 在【材质】面板中单击【样本颜料】按钮 ，吸取图片材质并赋予地形，如图 7-65 所示。

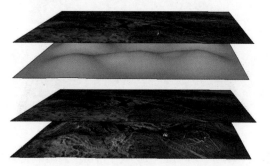

图 7-65

08 删除图片，卫星地形效果如图 7-66 所示。

图 7-66

实例：塑造地形场景

本例主要利用沙箱工具绘制地形，如图 7-67 所示为完成效果图。

图 7-67

源文件：\Ch07\ 别墅模型 .skp
结果文件：\Ch07\ 塑造地形场景 .skp
视频：\Ch07\ 塑造地形场景 .wmv

01 选中【根据网格创建】工具 ，在数值文本框中的【栅格距离】中输入 2000mm，绘制平面网格，如图 7-68 所示。

图 7-68

02 双击平面网格进入编辑状态，如图 7-69 所示。

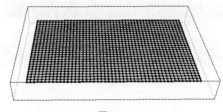

图 7-69

03 选中【曲面起伏】工具 ，对网格地形进行任意的曲面起伏变形，曲面起伏效果如图 7-70 所示。

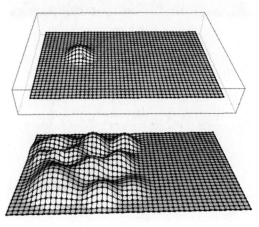

图 7-70

04 在【柔化边线】面板中对地形网格线进行柔化处理，如图 7-71 所示。调整后的网格地形边线如图 7-72 所示。

图 7-71

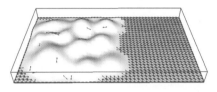

图 7-72

05 选中【软化共面】复选框，调整后的效果如图 7-73 和图 7-74 所示。

图 7-73

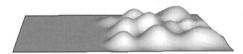

图 7-74

06 双击地形进入编辑状态，如图 7-75 所示。

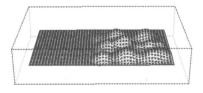

图 7-75

07 在【材质】面板中选择一种颜色材质，如图 7-76 所示。

图 7-76

08 为地形赋予颜色材质，如图 7-77 所示。

图 7-77

09 使用【圆弧】工具和【直线】工具，绘制一条路面，如图 7-78 所示。

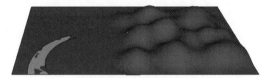

图 7-78

10 使用【推 / 拉】工具，将路面向上推拉 300mm，如图 7-79 所示。

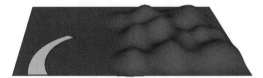

图 7-79

11 单在【材质】面板中，选择一种路面材质并赋予地形，如图 7-80 所示。

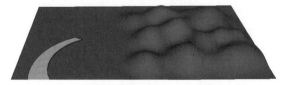

图 7-80

12 执行【文件】|【导入】命令，打开别墅模型，置于地形适合的位置，如图 7-81 所示。

图 7-81

13 导入植物组件，最终效果如图 7-82 所示。

图 7-82

第 8 章

场景应用及设置

场景是针对渲染而言的，其包含了模型对象、环境配置、阴影效果、材质与贴图、光照及灯光效果等的渲染环境。本章将介绍场景中的阴影设置、场景创建、场景样式及场景雾化效果等的设置方法。

知识要点

✦ 设置阴影
✦ 创建场景
✦ 场景中的样式
✦ 场景雾化效果

8.1　设置阴影

利用阴影功能，可以为场景渲染时添加真实的阴影效果。【阴影】面板如图 8-1 所示。

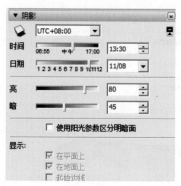

图 8-1

【阴影】面板主要设置方法如下。

✦ 　按钮：用于设置显示或隐藏阴影。

✦ UTC+08:00 ▼：也称为标准世界统一时间，选择该下拉列表中不同的时区时间，可以改变阴影效果，如图 8-2 所示。

图 8-2

✦ 【时间】选项：可以拖动滑块改变时间，调整阴影效果，也可在右侧文本框中输入准确值，如图 8-3~ 图 8-6 所示。

图 8-3

图 8-7

图 8-4

图 8-8

✦【使用阳光参数区分明暗面】复选框：选中该复选框则代表在不显示阴影的情况下，依然按场景中的太阳光来表示明暗关系，反之则不显示。

✦【在平面上】复选框：选中该复选框启用平面阴影投射，此功能要占用大量的 3D 图形硬件资源，因此可能会导致性能降低。

图 8-5

✦【在地面上】复选框：选中该复选框启用在地面（红色 / 绿色平面）上的阴影投射。

✦【起始边线】：选中该复选框启用与平面无关的边线阴影投射。

> **技术要点：**
> SketchUp 中的时区是根据图像的坐标设置的，鉴于某些时区跨度很大，某些位置的时区可能与实际情况相差多达 1h（有时相差的时间会更长），而且夏令时不作为阴影计算的因子。

实例：创建阴影动画

本例主要利用阴影工具和场景设置，制作一个模型的阴影动画。

图 8-6

✦【日期】选项：可以拖动滑块调整日期，也可在右侧文本框中输入准确值。

✦【亮】/【暗】选项：主要用来调整模型和阴影的亮度和暗度，也可在右侧文本框中输入准确值，如图 8-7 和图 8-8 所示。

> 源文件：\Ch08\ 住宅模型 1.skp
> 结果文件：\Ch08\ 阴影动画场景 .skp、阴影动画视频 .avi
> 视频：\ 阴影动画 .wmv

 打开本例源文件"住宅模型 1.skp"，如图 8-9 所示。

图 8-9

02 展开【阴影】面板，如图 8-10 所示。

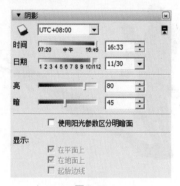

图 8-10

03 将日期设为 2019 年 3 月 15 日，如图 8-11 所示。

图 8-11

04 将【时间】滑块拖至最左边（清晨），如图 8-12 所示。

图 8-12

05 执行【编辑】|【阴影】命令，显示模型阴影，如图 8-13 所示。

图 8-13

06 在【场景】面板中单击【添加场景】按钮⊕，创建场景号 1，如图 8-14 所示。

图 8-14

07 将【时间】滑块拖至中午，如图 8-15 所示。

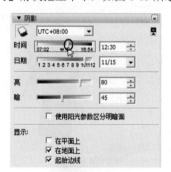

图 8-15

08 单击【添加场景】按钮⊕，创建场景号 2，如图 8-16 和图 8-17 所示。

图 8-16

图 8-17

09 将【时间】滑块拖至最右边（晚上）。单击【添加场景】按钮⊕，创建场景号 3，阴影效果如图 8-18 所示。

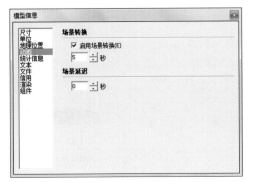

图 8-18

10 执行【窗口】|【模型信息】命令，弹出【模型信息】对话框并设置动画参数，如图 8-19 所示。

图 8-19

11 在图形区上方场景号位置右击，在弹出的快捷菜单中选择【播放动画】命令，开始播放动画。可在弹出的【动画】对话框中单击【暂停】按钮或者【停止】按钮，暂停播放动画或完全停止播放动画，如图 8-20 所示。

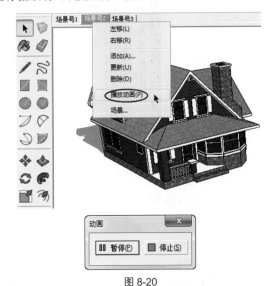

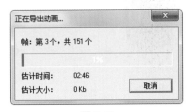

图 8-20

12 执行【文件】|【导出】|【动画】|【视频】命令，将阴影动画导出，如图 8-21 所示。

图 8-21

8.2 创建场景

SketchUp 中的"场景"可以帮助设计师保存不同的模型视图和属性，并将这些视图呈现给其他设计师。这里的"场景"只包括模型视图和模型属性，仅是渲染场景的一部分。【场景】面板包含该模型的所有场景信息，在该面板中创建的场景会按顺序显示。【场景】面板如图 8-22 所示。

图 8-22

实例：创建建筑生长动画

本例主要利用了剖切工具和场景设置功能来制作建筑生长动画。

源文件：\Ch08\ 建筑模型 .skp
结果文件：\Ch08\ 建筑生长动画场景 .skp、建筑生长动画视频 .avi
视频：\Ch08\ 建筑生长动画 .wmv

01 打开本例源文件"建筑模型 .skp"，如图 8-23 所示。

02 将整个模型选中，右击并在弹出的快捷菜单中选择【创建组】命令，创建一个群组，如图 8-24 所示。

图 8-23

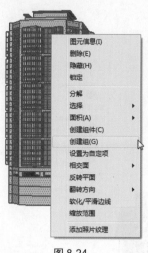

图 8-24

03 双击模型进入群组编辑状态，如图 8-25 所示。在【截面】工具栏中选中【截平面】工具 ⊕，在模型底部添加一个截面，如图 8-26 和图 8-27 所示。

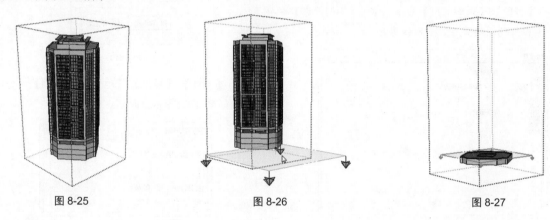

图 8-25　　　　　　　　　　图 8-26　　　　　　　　　　图 8-27

04 将截面选中，选中【移动】工具 ✤，按住 Ctrl 键并向上用鼠标拖动，复制出 3 个截面，如图 8-28 所示。

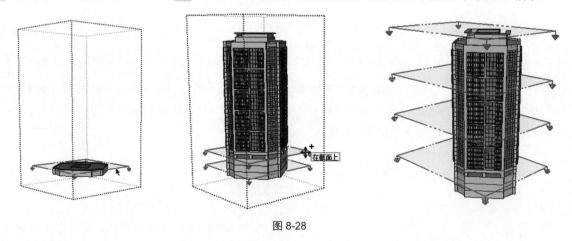

图 8-28

05 选择第一层截面并右击，在弹出的快捷菜单中选择【显示剖切】命令，此时仅显示第一层截面，而其他截面则自动隐藏，如图 8-29 所示。

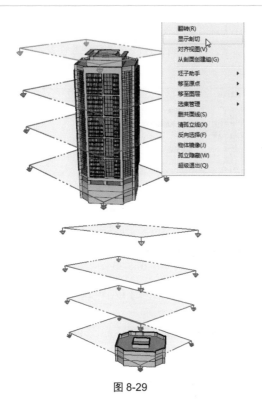

图 8-29

06 在【场景】面板中单击【添加场景】按钮⊕，创建场景号 1，如图 8-30 所示。

图 8-30

07 选中截面 2，右击并在弹出的快捷菜单中选择【显示剖切】命令，然后创建场景号 2，如图 8-31 所示。

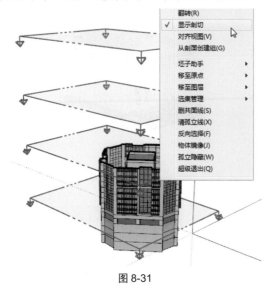

图 8-31

图 8-31（续）

08 选中截面 3，右击并在弹出的快捷菜单中选择【显示剖切】命令，然后创建场景号 3，如图 8-32 所示。

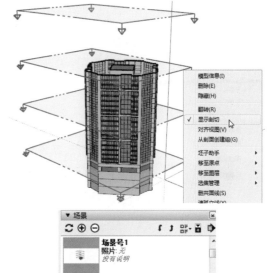

图 8-32

09 选中截面 4，右击并在弹出的快捷菜单中选择【显示剖切】命令，创建场景号 4，如图 8-33 所示。

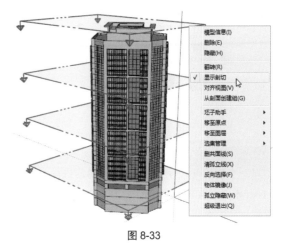

图 8-33

图 8-33（续）

10 在左上方的场景号中右击，并在弹出的快捷菜单中选择【播放动画】命令，弹出【动画】对话框，如图 8-34 所示。

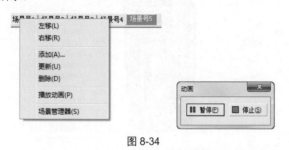

图 8-34

11 执行【窗口】|【模型信息】命令，弹出【模型信息】对话框，选择【动画】选项并进行参数设置，如图 8-35 所示。

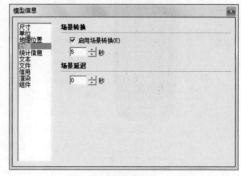

图 8-35

12 选择【文件】|【导出】|【动画】|【视频】命令，将动画输出，如图 8-36 所示。

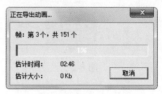

图 8-36

8.3 场景中的样式

SketchUp 样式设置主要用于控制 SketchUp 不同样式的显示样式，包含了选择不同设计样式的设置，也包含了对边线设置、平面设置、背景设置、水印设置、建模设置的编辑，还有两种样式混合。样式设置是 SketchUp 中很重要的功能。

【样式】面板如图 8-37 所示。

图 8-37

实例：设置场景样式

以一个建筑模型为例，展示不同的场景样式。

01 打开本例源文件"建筑模型 1.skp"模型，如图 8-38 所示。

02 在【样式】面板的【选择】选项卡的【Style Builder 竞赛获奖者】文件夹中选择【带框的染色边线】样式，如图 8-39 所示。

图 8-38

图 8-39

03 如图 8-40 所示为"手绣"样式及效果。

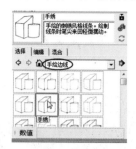

图 8-40

04 如图 8-41 所示为帆布上的"分层样式"混合样式及效果。

图 8-41

05 如图 8-42 所示为"沙岩色和蓝色"样式及效果。

图 8-42

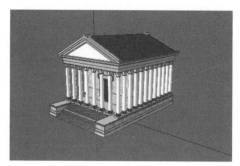

图 8-42（续）

实例：编辑场景样式

以一个景观塔模型为例，对其背景颜色进行不同的设置。

01 打开本例源文件"景观塔 .skp"模型，在【样式】面板【编辑】选项卡中单击【背景设置】按钮，如图 8-43 所示为默认的背景样式。

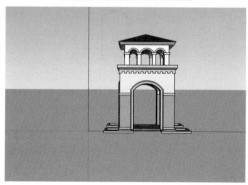

图 8-43

02 选中【地面】复选框，则背景以地面颜色显示，如图 8-44 所示。

图 8-44

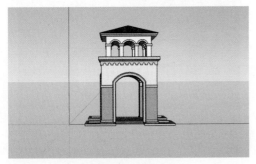

图 8-44（续）

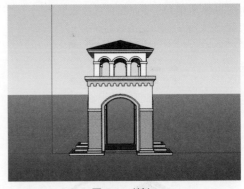

图 8-46（续）

03 取消选中【天空】复选框，则会以背景颜色显示，如图 8-45 所示。

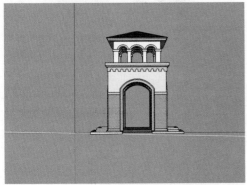

图 8-45

04 单击颜色块，即可在弹出的【选择颜色】对话框中修改当前背景颜色，如图 8-46 所示。

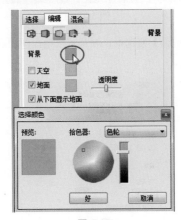

图 8-46

技术要点：

如果想将修改后的颜色样式恢复到初始状态，只要取消选择预设样式即可。

实例：创建混合水印样式

源文件：\Ch08\ 木桥 .skp、水印图片 .jpg
结果文件：\Ch08\ 混合水印样式 .skp
视频：\Ch08\ 混合水印样式 .wmv

混合样式包括编辑样式和选择样式，这里以一个木桥模型为例，对其进行混合样式设置，如图 8-47 所示为完成后的效果图。

图 8-47

01 打开本例源文件 "木桥 .skp" 模型，如图 8-48 所示。

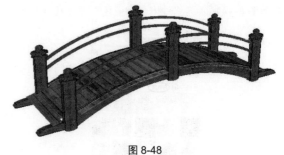

图 8-48

02 在【样式】面板的【混合】选项卡的【混合风格】

选项组中选一种样式，也可吸取当前样式。一旦移动鼠标指针到上面的混合设置区域中，这时鼠标指针又变成了一个"油漆桶"，如图 8-49 和图 8-50 所示。

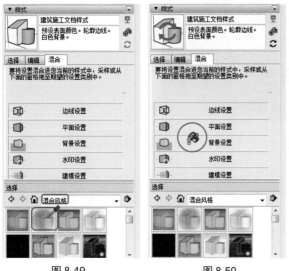

图 8-49　　　　　图 8-50

03 依次单击【边线设置】【背景设置】及【水印设置】按钮，即可完成混合样式效果的应用，如图 8-51 所示。

图 8-51

04 在【编辑】选项卡中单击【水印设置】按钮，出现【水印设置】选项区，如图 8-52 所示。

图 8-52

05 单击【添加水印】按钮，选择一张图片，弹出【选择水印】对话框，选择图片以背景样式显示在场景中，如图 8-53 和图 8-54 所示。

图 8-53

图 8-54

06 依次单击【下一个 >>】按钮，对水印背景进行设置，如图 8-55 所示。

图 8-55

07 单击【完成】按钮，即可完成混合水印样式背景的制作，如图 8-56 所示。

图 8-56

8.4 场景雾化效果

SketchUp 中的雾化设置能给模型增加一种起雾的特殊效果。【雾化】面板如图 8-57 所示。

图 8-57

实例：创建商业楼雾化效果

这里以一个商业区模型为例，对其进行雾化设置操作。如图 8-58 所示为完成后的雾化效果。

图 8-58

源文件：\Ch08\ 商业楼 .skp
结果文件：\Ch08\ 商业楼雾化效果 .skp
视频：\Ch08\ 商业楼雾化效果 .wmv

01 从本例源文件中打开源文件"商业楼 .skp"模型，如图 8-59 所示。

图 8-59

02 在【雾化】面板中选中【显示雾化】复选框，为模型场景添加雾化效果，如图 8-60 所示。

图 8-60

03 取消选中【使用背景颜色】复选框，单击颜色块，可得到不同的颜色雾化效果，如图 8-61~ 图 8-63 所示。

图 8-61　　　　　　　　　　图 8-62

图 8-63

实例：创建渐变颜色天空

本例主要使用了样式和雾化设置功能来得到渐变天空，如图 8-64 所示为完成后的效果图。

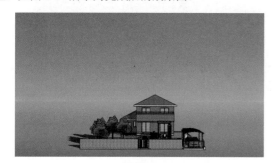

图 8-64

源文件：\Ch08\ 住宅模型 2.skp
结果文件：\Ch08\ 渐变颜色天空 .skp
视频：\Ch08\ 渐变颜色天空 .wmv

01 打开本例源文件"住宅模型 2.skp"模型，如图 8-65 所示。

图 8-65

02 在【样式】面板的【编辑】选项卡中，单击【背景设置】按钮，如图 8-66 所示。

图 8-66

03 选中【天空】和【地面】复选框，如图 8-67 所示。

图 8-67

04 单击颜色块并调整颜色，将天空颜色调整为天蓝色，如图 8-68 和图 8-69 所示。

图 8-68

图 8-69

05 在【雾化】面板中选中【显示雾化】复选框，取消选中【使用背景颜色】复选框，并设置雾化颜色为橘黄色，如图 8-70 和图 8-71 所示。

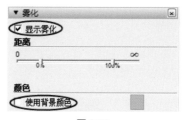

图 8-70

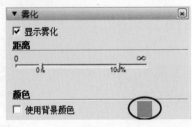

图 8-71

06 将【距离】选项下的两个滑块分别调至两端，天空即由蓝色渐变到橘黄色，如图 8-72 和图 8-73 所示。

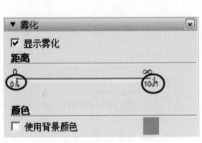

图 8-72

图 8-73

SketchUp 材质的属性包括颜色、纹理、贴图、漫反射和光泽度、反射与折射、透明与半透明、自发光等。材质在 SketchUp 中应用广泛，它可以为一个普通的模型添加上丰富多彩的材质，使模型更生动。

知识要点

✦ 使用材质

✦ 材质贴图

✦ 材质与贴图应用案例

9.1　使用材质

前面章节中学习了如何使用 SketchUp 中默认的材质，本节主要学习如何导入材质、应用材质，以及如何利用材质生成器将图片生成为材质。

实例：导入材质

这里以一组下载好的外界材质为例，讲述如何导入外界材质。

01 展开【材质】面板，如图 9-1 所示。

图 9-1

02 单击【详细信息】按钮 ➡️，在弹出的菜单中选择【打开和创建材质库】选项，如图 9-2 所示。

图 9-2

03 弹出【选择集合文件夹或创建新文件夹】对话框，从本例源文件夹中选中"SketchUp 材质"文件，如图 9-3 所示。

图 9-3

04 单击【选择文件夹】按钮，即可将外界的材质导入【材质】面板，如图 9-4 所示。

图 9-4

技术要点：
导入【材质】面板的材质必须是文件夹的形式，其中的材质文件格式必须是 skm 格式。

实例：材质生成

SketchUp 的材质除了系统自带的材质库，还可以下载材质，也可以利用材质生成器自制材质库。材质生成器是一个自行下载的"插件"程序，它可以将一些 jpg、bmp 格式的素材图片转换成 skm 格式材质，而且 SketchUp 可以直接使用。

源文件：\Ch09\SKMList.exe

01 在本例源文件夹中双击 ▓SKMList.exe 程序，弹出【SketchUp 材质库生成工具】对话框，如图 9-5 所示。

02 单击"Path…"按钮，选择想要生成材质的图片文件夹，如图 9-6 所示。

图 9-5

图 9-6

03 单击【确定】按钮，将当前的图片添加到材质生成器中，如图 9-7 所示。

图 9-7

04 单击"Save…"按钮将图片进行保存，弹出【另存为】对话框，如图 9-8 所示。

图 9-8

05 单击【保存】按钮，完成图片生成材质操作，关闭材质库生成工具。

06 打开【材质】面板，利用之前学过的方法导入材质，如图 9-9 所示为已经添加好的材质文件夹。

07 双击文件夹，即可应用当前材质，如图 9-10 所示。

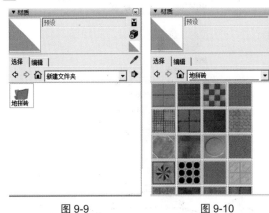

图 9-9　　　　　　　图 9-10

实例：材质应用

利用之前导入的 SketchUp 材质，或者自己将喜欢的图片生成材质并应用到模型中。

01 打开本例源文件"茶壶 .skp"，如图 9-11 所示。

图 9-11

02 打开【材质】面板，在材质下拉列表中选择之前导入的【SketchUp 材质】文件夹，如图 9-12 所示。

图 9-12

03 框选模型，并选一种适合的材质，如图 9-13 和图 9-14 所示。

图 9-13

图 9-14

04 将鼠标指针移到模型上并赋予材质，如图 9-15 和图 9-16 所示。

图 9-15

图 9-16

05 此时材质效果不是很理想,进入【编辑】选项卡并修改尺寸,如图 9-17 和图 9-18 所示。

图 9-17

图 9-18

06 修改材质颜色,效果如图 9-19 和图 9-20 所示。

图 9-19

图 9-20

9.2 材质贴图

　　SketchUp 中的材质贴图是应用于平铺图像的,也就是说,在上色的时候,图案或图形可以垂直或水平地应用于任何实体,SketchUp 贴图坐标包括"固定图钉"和"自由图钉"两种模式。

9.2.1 固定图钉

　　固定图钉模式中,每一个图钉都有一个固定且特有的功能。当固定一个或更多图钉时,固定图钉模式可以按比例缩放、歪斜、剪切和扭曲贴图。在贴图上单击,可以确保固定图钉模式选中,注意每个图钉都有一个邻近的图标。这些图标代表了应用贴图的不同功能,这些功能只存在于固定图钉模式。

1. 固定图钉

　　如图 9-21 所示为固定图钉模式。

- ✦ 🔍:拖动此图钉可以移动纹理。
- ✦ 🔍:拖动此图钉可以调整纹理比例或旋转纹理。
- ✦ 🔍:拖动此图钉可以调整纹理比例或修剪纹理。
- ✦ 🔍:拖动此图钉可以扭曲纹理。

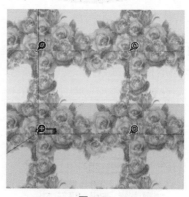

图 9-21

2. 图钉右键菜单

　　如图 9-22 所示为图钉的右键快捷菜单,其中各选项含义如下。

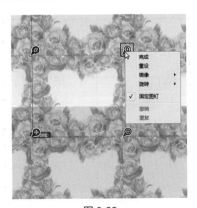

图 9-22

+ 完成：退出贴图坐标，保存当前贴图坐标。

+ 重设：重置贴图坐标。

+ 镜像：水平（左／右）和垂直（上／下）翻转贴图。

+ 旋转：可以在预定的角度中旋转 90°、180° 和 270°。

+ 固定图钉：切换固定图钉和自由图钉。

+ 撤销：可以撤销最后一个贴图坐标的操作，与【编辑】菜单中的【撤销】命令不同，这个【还原】命令一次只还原一个操作。

+ 重复：可以取消还原操作。

9.2.2　自由图钉

自由图钉模式只需将固定图钉模式取消选中即可，它操作起来比较自由，可以根据需要自由调整贴图，但相对来说没有锁定图钉方便。如图 9-23 所示为自由图钉模式和快捷菜单。

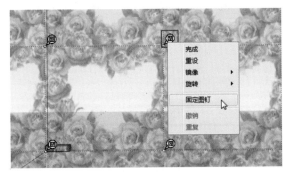

图 9-23

9.2.3　贴图技法

在材质贴图中，大致可分为平面贴图、转角贴图、投影贴图、球面贴图几种方法，每一种贴图方法都有其不同之处，掌握了这几种贴图技巧，就能尽情发挥材质贴图的最大功能。

实例：平面贴图

平面贴图只能对具有平面的模型进行材质贴图，下面以一个实例来讲解平面贴图的用法。

01 打开"立柜门 .skp"源文件模型，如图 9-24 所示。

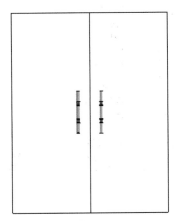

图 9-24

02 打开【材质】面板，为立柜门添加一种适合的材质，如图 9-25 和图 9-26 所示。

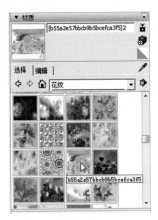

图 9-25

图 9-26

03 选中右侧门上的纹理图案，右击并在弹出的快捷菜

单中选择【纹理】|【位置】命令，进入纹理图案的固定图钉模式，如图 9-27 和图 9-28 所示。

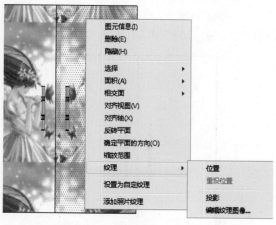

图 9-27

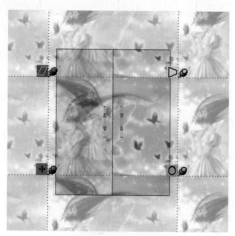

图 9-28

04 根据之前所讲的图钉功能，调整材质贴图的 4 个图钉，完成后右击并在弹出的快捷菜单中选择【完成】命令，如图 9-29 和图 9-30 所示。

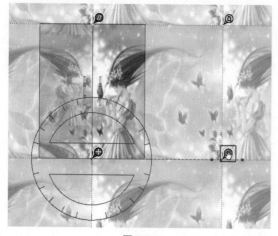

图 9-29

图 9-30

05 选中另一扇门上的纹理图案，右击并在弹出的快捷菜单中选择【纹理】|【位置】命令，调整纹理的比例及位置，结果如图 9-31 和图 9-32 所示。

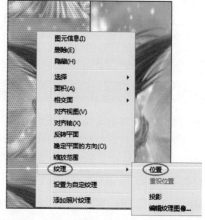

图 9-31

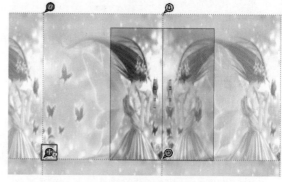

图 9-32

06 调整完后右击并在弹出的快捷菜单中选择【完成】命令，如图 9-33 所示。最终材质贴图调整完成的效果如图 9-34 所示。

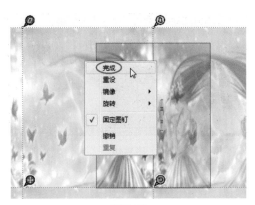

图 9-33

图 9-34

技术要点：

　　材质贴图坐标只能在平面中进行操作，在编辑过程中，按住【Esc】键，可以使贴图恢复到前一个位置。按【Esc】键两次可以取消整个贴图坐标操作。在贴图坐标中，可以随时使用右键恢复到前一个操作，或者从相关菜单中选择返回。

实例：转角贴图

　　转角贴图可以为模型转角的位置赋予一种无缝连接的贴图，使贴图效果非常完美。

01 打开本例源文件"柜子 .skp"模型，如图 9-35 所示。

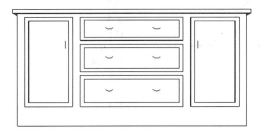

图 9-35

02 打开【材质】面板，为柜子赋予适合的材质，如图 9-36 和图 9-37 所示。

图 9-36

图 9-37

03 选中贴图图案，右击并在弹出的快捷菜单中选择【纹理】|【位置】命令，如图 9-38 所示。

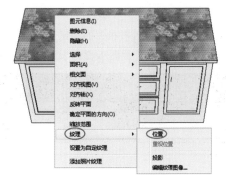

图 9-38

04 调整图钉，右击并在弹出的快捷菜单中选择【完成】命令，如图 9-39 和图 9-40 所示。

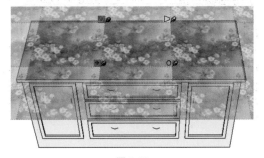

图 9-39

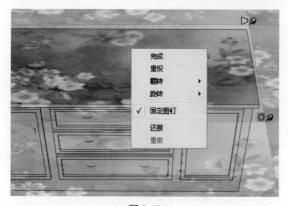

图 9-40

05 单击【材质】按钮🖌并按住【Alt】键，鼠标指针变成吸管形状，对刚才完成的材质贴图进行吸取样式操作，如图 9-41 所示。

图 9-41

06 吸取材质贴图后即可对相邻的面赋予材质，形成一种图案无缝连接的效果，如图 9-42 所示。

图 9-42

07 依次对柜子的其他位置赋予材质，效果如图 9-43 和图 9-44 所示。

图 9-43

图 9-44

实例：投影贴图

投影贴图可以使一张图片以投影的方式将图案投射到模型上。

01 打开本例源文件"咖啡桌 .skp"，如图 9-45 所示。

图 9-45

02 选择【文件】|【导入】命令，导入一张图片，并平行于模型上方，如图 9-46 所示。

图 9-46

03 分别右击模型和图片，然后在弹出的快捷菜单中选择【分解】命令，如图 9-47 所示。

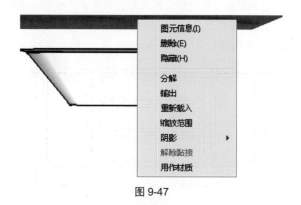

图 9-47

04 右击图片纹理并在弹出的快捷菜单中选择【纹理】|【投影】命令，如图 9-48 所示。

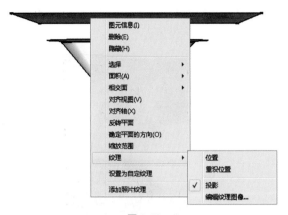

图 9-48

05 以"X 光透射模式"显示模型，方便查看投影的效果，如图 9-49 所示。

图 9-49

06 打开【材质】面板，单击【样本颜料】按钮 ✎，吸取图片材质，如图 9-50 所示。

图 9-50

07 在模型上单击填充材质，如图 9-51 所示。

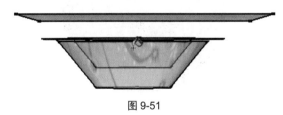

图 9-51

08 取消【X 光透射模式】，将图片删除，最终效果如图 9-52 所示。

图 9-52

实例：球面贴图

球面贴图同样以投影的方式将图案投射到球面上。

01 创建一个球体和一个矩形面，矩形面的长、宽与球体直径相同，如图 9-53 所示。

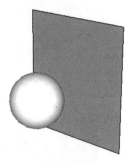

图 9-53

02 在【材质】面板的【编辑】选项卡中导入本例源文件夹中的"地球图片 .jpg"文件，为矩形面添加自定义纹理材质，如图 9-54 和图 9-55 所示。

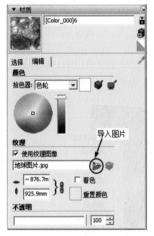

图 9-54

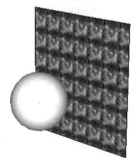

图 9-55

03 此时填充的纹理不均匀，右击纹理贴图并在弹出的快捷菜单中选择【纹理】|【位置】命令，开启固定图钉模式，然后调整纹理贴图，如图 9-56 和图 9-57 所示。

图 9-56

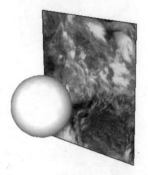

图 9-57

04 在矩形面上右击并在弹出的快捷菜单中选择【纹理】
|【投影】命令，如图 9-58 所示。

图 9-58

05 单击【材质】面板中的【样本颜料】按钮 ✐，吸取
矩形面材质，如图 9-59 所示。

图 9-59

06 在球面上单击，即可添加材质，如图 9-60 所示。最
后将图片删除，得到如图 9-61 所示的地球效果。

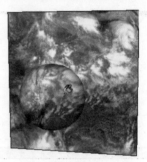

图 9-60

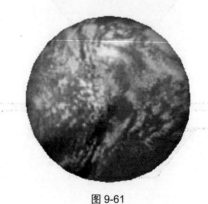

图 9-61

9.3 材质与贴图应用案例

在学习了贴图技法后，我们掌握了不同的贴图方法。本节以几个实例进行讲解，使大家可以更加灵活地应用材
质贴图。

实例：填充房屋材质

本例主要使用材质工具为一个房屋模型赋予适合的材质，如图 9-62 所示为最终效果图。

图 9-62

源文件：\Ch09\ 房屋模型 .skp
结果文件：\Ch09\ 填充房屋材质 .skp
视频：\Ch09\ 填充房屋材质 .wmv

01 打开本例源文件"房屋模型 .skp"，如图 9-63 所示。

图 9-63

02 如果没有打开【材质】面板，可以执行【窗口】|【默认面板】|【材质】命令将其打开，如图 9-64 所示。

图 9-64

03 在【材质】面板中的【选择】选项卡中选择复古砖材质，并赋予墙体面，如图 9-65 所示。

04 如果填充的材质尺寸过大或者过小，可以在【编辑】选项卡中修改材质尺寸，如图 9-66 所示。

图 9-65

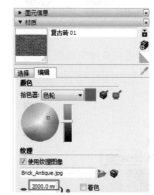

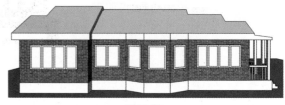

图 9-66

05 继续选择"沥青屋顶瓦"材质，用以赋予屋顶，如图 9-67 所示。

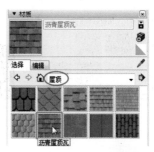

图 9-67

169

06 选中"颜色适中的竹木"木质纹材质，赋予门和窗框，如图 9-68 所示。

图 9-68

07 选择"染色半透明玻璃"材质并赋予玻璃，如图 9-69 所示。

图 9-69

08 选择"人造草被"材质并赋予地面，如图 9-70 所示。

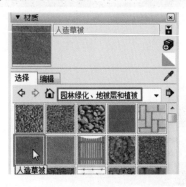
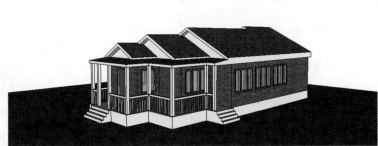

图 9-70

实例：创建瓷盘贴图

本例主要应用了材质工具和贴图坐标来创建贴图。

源文件：\Ch09\ 瓷盘 .skp，图案 1.jpg
结果文件：\Ch09\ 瓷盘贴图 .skp
视频：\Ch09\ 瓷盘贴图 .wmv

01 打开本例源文件"瓷盘 .skp"，如图 9-71 所示。

02 在【材质】面板的【编辑】选项卡导入本例源文件中的"图案 1.jpg"文件，并赋予自定义纹理材质，如图 9-72 和图 9-73 所示。

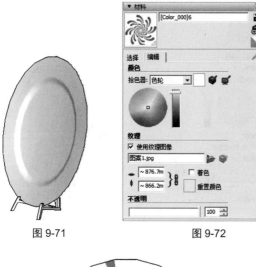

图 9-71　　　　　　　图 9-72

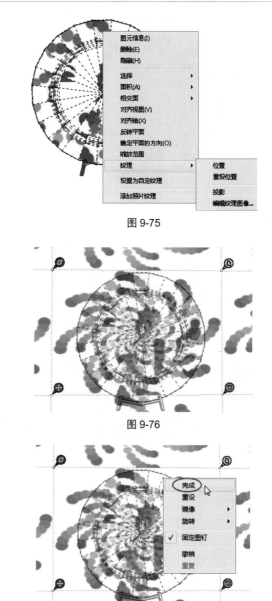

图 9-75

图 9-73

03 选择【视图】|【隐藏物体】命令，将模型以虚线显示，整个模型面被均分为多份，如图 9-74 所示。

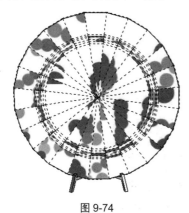

图 9-74

04 右击其中一份的纹理贴图，并在弹出的快捷菜单中选择【纹理】|【位置】命令，开启固定图钉模式。调整纹理贴图后右击，在弹出的快捷菜单中选择【完成】命令，完成纹理图片的调整，如图 9-75~ 图 9-77 所示。

图 9-76

图 9-77

05 在【材质】面板中单击【样本颜料】按钮 ，单击调整好的纹理贴图，如图 9-78 所示。然后依次单击模型的其余面，如图 9-79 所示。

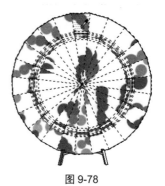

图 9-78

图 9-79

06 再次选择【视图】|【隐藏物体】命令，将虚线隐藏，最终贴图效果如图 9-80 所示。

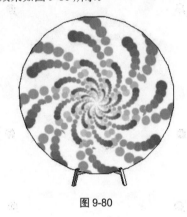

图 9-80

实例：创建台灯贴图

本例主要使用材质工具和贴图坐标来创建贴图。

源文件：\Ch09\ 台灯 .skp，图案 2.jpg
结果文件：\Ch09\ 台灯贴图 .skp
视频：\Ch09\ 台灯贴图 .wmv

01 打开本例源文件"台灯 .skp"，如图 9-81 所示。

图 9-81

02 在【材质】面板的【编辑】选项卡中导入本例源文件中的"图案 2.jpg"，并赋予自定义纹理材质，如图 9-82 和图 9-83 所示。

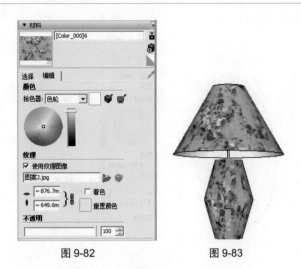

图 9-82   图 9-83

03 选择【视图】|【隐藏物体】命令，将模型以虚线显示，如图 9-84 所示。

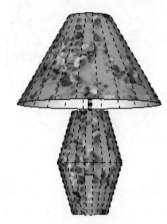

图 9-84

04 右击某一个面中的纹理贴图，并在弹出的快捷菜单中选择【纹理】|【位置】命令，然后调整材质贴图，最后右击并在弹出的快捷菜单中选择【完成】命令完成贴图的调整，如图 9-85~ 图 9-87 所示。

图 9-85

图 9-86

图 9-87

05 单击【样本颜料】按钮 ，吸取材质贴图贴图，然后依次单击，赋予其他面，如图 9-88 和图 9-89 所示。

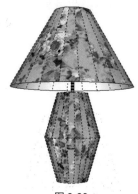

图 9-88

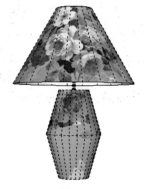

图 9-89

06 选择【视图】|【隐藏物体】命令，将虚线隐藏，效果如图 9-90 所示。

图 9-90

实例：创建花瓶贴图

本例主要使用材质工具和贴图坐标来创建贴图。

源文件：\Ch09\ 花瓶 .skp，图案 3.jpg
结果文件：\Ch09\ 花瓶贴图 .skp
视频：\Ch09\ 花瓶贴图 .wmv

01 打开本例源文件"花瓶花瓶 .skp"，如图 9-91 所示。

图 9-91

02 在【材质】面板的【编辑】选项卡中导入本例源文件中的"图案 3.jpg"，并赋予自定义纹理材质，如图 9-92 和图 9-93 所示。

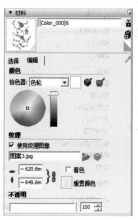

图 9-92

173

图 9-93

03 选择【视图】|【隐藏物体】命令，将模型以虚线显示，如图 9-94 所示。

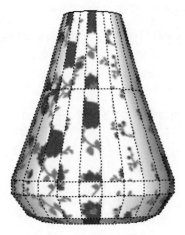

图 9-94

04 右击模型平面，在弹出的快捷菜单中选择【纹理】|【位置】命令，调整材质贴图，右击并在弹出的快捷菜单中选择【完成】命令，如图 9-95~ 图 9-97 所示。

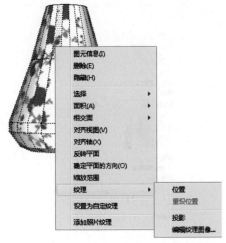

图 9-95

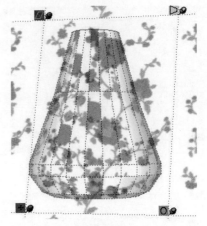

图 9-96

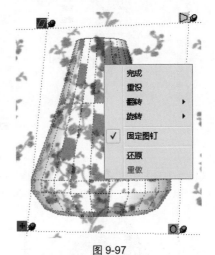

图 9-97

05 单击【样本颜料】按钮 🖊，吸取材质贴图，如图 9-98 所示。

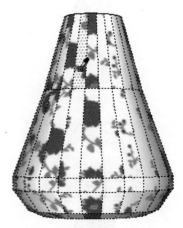

图 9-98

06 依次单击模型的其他面，如图 9-99 所示。

07 再次选择【视图】|【隐藏物体】命令，将虚线隐藏，效果如图 9-100 所示。

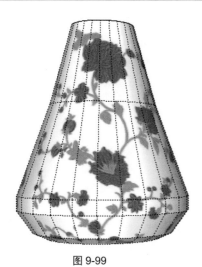

图 9-99

图 9-100

第 10 章

V-Ray 渲染基础

本章将介绍 V-Ray for SketchUp 2019 渲染器插件，该插件能与 SketchUp 完美结合，渲染出高质量的图片效果。

V-Ray 渲染器是目前比较流行的渲染器之一，也是一款外挂型渲染器，支持 3ds Max、Maya、Revit、SketchUp 等大型三维建模与动画软件。

知识要点

✦ V-Ray for SketchUp 渲染器简介
✦ V-Ray 光源
✦ V-Ray 材质与贴图
✦ V-Ray 渲染器设置

10.1　V-Ray for SketchUp 渲染器简介

V-Ray 渲染器是世界领先的计算机图形技术公司 Chaos Group 的产品。

过去的很多渲染程序在创建复杂的场景时，必须花大量时间调整光源的位置和强度才能得到理想的照明效果，而 V-Ray for SketchUp 具有全局光照和光线追踪功能，在完全不需要放置任何光源的场景时，也可以渲染出很出色的图片效果，并且完全支持 HDRI 贴图，具有强大的着色引擎、灵活的材质设定、较快的渲染速度等特点。最为突出的是其焦散功能，可以产生逼真的焦散效果，所以 V-Ray 又具有"焦散之王"的称号。

由于 SketchUp 没有内置的渲染器，因此要得到照片级的渲染效果，只能借助其他渲染器来完成。V-Ray 渲染器是目前最强大的全局光渲染器之一，适用于建筑及产品的渲染。通过使用此渲染器，既可以发挥出 SketchUp 的优势，又可以弥补 SketchUp 的不足，从而创作出高质量的渲染作品。

10.1.1　V-Ray 简介

1.V-Ray 的优点

✦ 最强大的渲染器之一，具有高质量的渲染效果，支持室外、室内及产品渲染。

✦ V-Ray 还支持其他三维软件，如 3ds Max、Maya 等，其使用方式及界面相似。

✦ 以插件的方式实现对 SketchUp 场景的渲染，实现了与 SketchUp 的无缝整合，使用很方便。

✦ V-Ray 有广泛的用户群，教程、资料、素材等非常丰富，遇到困难很容易通过互联网找到解决方案。

2.V-Ray 的材质分类

✦ 标准材质和常用材质，可以模拟出多种材质类型，如图 10-1 所示。

✦ 角度混合材质，是与观察角度有关的材质，如图 10-2 所示。

图 10-1

图 10-2

✦ 双面材质，有一种半透明的效果，如图 10-3 和图 10-4 所示。

✦ SketchUp 双面材质，对单面模型的正反面使用不同的材质，如图 10-5 所示。

图 10-3

图 10-4

图 10-5

✦ 卡通材质，可将模型渲染成卡通效果，如图 10-6 所示。

图 10-6

10.1.2　V-Ray for SketchUp 工具栏

目前能应用在 SketchUp 2019 软件的 V-Ray 插件版本为 V-Ray for SketchUp V4.0，可以到"SketchUp 吧"网站下载，下载地址为 http://www.SketchUpbar.com/download。

如图 10-7 所示为 V-Ray 的渲染工具栏。

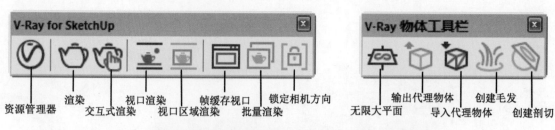

资源管理器　渲染　视口渲染　　帧缓存视口　锁定相机方向
　　交互式渲染　视口区域渲染　批量渲染

　　无限大平面　输出代理物体　创建毛发
　　　导入代理物体　创建剖切

矩形灯　球灯　聚光灯　IES 灯　泛光灯　穹顶灯　转换网格灯　灯亮度工具

图 10-7

　　在【V-Ray for SketchUp】工具栏中单击【资源管理器】按钮 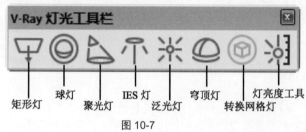，弹出【V-Ray 资源管理器】对话框，如图 10-8 所示。V-Ray 资源管理器包含 4 个用于管理 V-Ray 资源和渲染设置的选项卡，分别是：【材质】选项卡、【光源】选项卡、【模型】选项卡和【设置】选项卡。

【材质】选项卡

【光源】选项卡

【模型】选项卡

【设置】选项卡

【渲染工具】列表

【打开帧缓冲区】按钮

图 10-8

　　【V-Ray 资源管理器】对话框中的 4 个选项卡将在后面章节中详细介绍。除了这 4 个选项卡用于控制渲染质量，还可以使用渲染工具进行渲染质量的后期处理，如图 10-9 所示。

　　单击【V-Ray 帧缓冲器】按钮 ，弹出帧缓冲窗口，如图 10-10 所示，通过该窗口查看渲染过程。

图 10-9

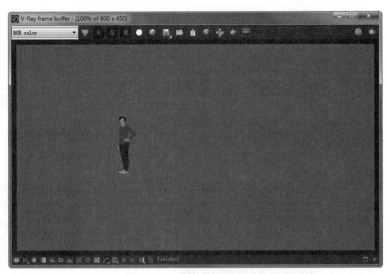

图 10-10

10.2　V-Ray 光源

V-Ray 提供了许多至关重要的光源，无论是室内场景还是室外场景都可以在 V-Ray 灯光工具栏或【V-Ray 资源管理器】对话框的【光源】选项卡中找到相应的照明选项。

10.2.1　光源的布置要求

光源的布置需要根据具体的对象而定，在工业产品渲染过程中，一般都会开启全局照明功能来获得较好的光照分布。场景中的光线可以是来自全局照明中的环境光（在 Environment 面板中设置），也可以来自光源对象，一般会两者结合使用。全局照明中的环境光产生的光线是均匀的，若强度太大会使画面显得比较平淡，而利用光源对象可以很好地塑造产品的亮部与暗部，应作为主要光源来使用。

光源在产品的渲染中起到至关重要的作用，精确的光线是表现物体表面材质效果的前提，用户可以参照摄影中的三点布光法则来布置场景中的光源。

　✦ 以全黑的场景开始布置光源，并注意每增加一个光源后所产生的效果。

　✦ 要明确每一个光源的作用与照明度，不要创建用意不明的光源。

　✦ 环境光的强度不宜太高，以免画面过于平淡。

1. 主光源

主光源是场景中的主要照明光源，也是产生阴影的主要光源，一般将其放置在与主体呈 45°角左右的一侧，其水平位置通常要比相机高。主光的光线越强，物体的阴影就越明显，明暗对比的反差就越大。在 V-Ray 中，通常以面光源用作主光源，它可以产生比较真实的阴影效果。

2. 辅光源

辅光源又称为"补光"，用来补充主光源产生的阴影面的照明，显示出物体阴影面的细节，使物体阴影变得更加柔和，同时也会影响主光源的照明效果。辅光通常放置在低于相机的位置，亮度是主光源的 1/2~2/3，这个光源产生的阴影很弱。渲染时一般用泛光灯或者低亮度的面光源作为辅光。

3. 背光源

背光源也称为"反光"或者"轮廓光"，设置背光源的目的是照亮物体的背面，进而将物体从背景中区分开来。背光源通常放置在物体的背面，亮度是主光的 1/3~1/2，背光源产生的阴影最不清晰。若开启了全局照明功能，在布置光源时也可以不安排背光源。

以上只是最基本的光源布置方法，在实际的渲染工作中，需要根据不同的目的和渲染对象来确定相应的光源布置方案。

10.2.2　设置 V-Ray 环境光源

单击【资源管理器】按钮 ⊘，弹出【V-Ray 资源管理器】

对话框。在【设置】选项卡的【环境设置】卷展栏中，可以设置环境光源，如图 10-11 所示。

图 10-11

在【背景】选项右侧选中【全局照明】复选框表示开启全局照明功能，如图 10-12 所示。全局照明中包含了天光（太阳光经大气折射）、折射光源和反射光源等。

图 10-12

单击【位图编辑】按钮，如图 10-13 所示。可以编辑全局照明的位图参数，如图 10-14 所示。

图 10-13

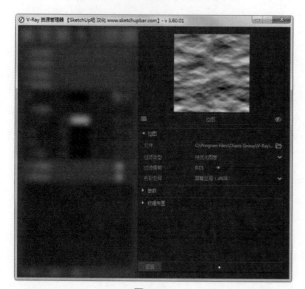

图 10-14

关闭全局照明后，可以设置场景中的背景颜色，默认颜色是黑色，单击色块，弹出【拾色器】对话框，编辑背景颜色，如图 10-15 所示。

图 10-15

要想在场景中显示天光、反射光源或者折射光源，需要先关闭全局照明。如图 10-16 所示为开启全局照明与关闭全局照明仅开启天光的渲染效果对比。

开启全局照明

关闭全局照明（仅天光）

图 10-16

在位图编辑器中单击▤按钮，打开位图图库，并选择【天空】贴图进行编辑，如图 10-17 所示。

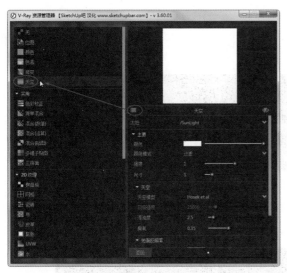

图 10-17

图 10-20

10.2.3　布置 V-Ray 主要光源

光源的布置对于材质的表现至关重要，在渲染时，最好先布置光源再调节材质。场景中光源的照明强度以能真实反应材质颜色为宜。

V-Ray for SketchUp 的光源工具在【V-Ray 灯光工具栏】工具栏中，如图 10-18 所示，其中包括常见的矩形灯（面光源）、球灯（球形光源）、聚光灯（聚光源）、IES 灯、泛光灯（点光源）、穿顶灯等。下面介绍几种常见光源的创建方法与参数设置。

图 10-18

1. 聚光灯

聚光灯也称"射灯"，其特点是光衰很小、亮度高、方向性很强、光性很硬、反差甚高、形成的阴影非常清晰，但是缺少变化显得比较生硬。单击【聚光灯】按钮，可布置聚光灯，如图 10-19 所示。如图 10-20 所示为聚光灯产生的照明效果。

图 10-19

通过【V-Ray 资源管理器】的【光源】选项卡，可以编辑聚光灯的参数，如图 10-21 所示。

图 10-21

【光源】选项卡顶部的　开关，控制是否显示聚光灯光源，默认为开启状态，单击此开关按钮将关闭聚光灯的照明。

（1）【主要】卷展栏。

✦【颜色 / 纹理】：用于设置光源的颜色及贴图。

✦【强度】：用于设置光源的强度，默认值为 1。

✦【单位】：指定测量的光照单位。使用正确的单位至关重要，灯光会自动将场景单位考虑在内，以便为所用的比例尺生成正确的结果。

✦【锥角】：指定由 V 射线聚光灯形成的光锥的角度，该值以度为单位。

✦【半影角】：指定光线从高强度转变为无照明所形成的光锥内的角度。设置为 0 时，不存在转换，光线会产生清晰的边缘，该值以度为单位。

✦【半影衰减】：确定灯光在光锥内从高强度转换为无照明的方式，包含两种类型——"线性"与"平滑三次方"。"线性"表示灯光不会有任何衰减，"平滑三次方"表示光线会以真实的方式衰减。

◆ 【衰减方式】：设置光源的衰减类型，包括"线性""倒数"和"平方反比"3种类型，后面两种衰减类型的光线衰减效果是非常明显的，所以在用这两种衰减方式时，光源的倍增值需要设置得比较大，如图10-22所示为不同衰减值的光照衰减效果比较。

图 10-22

◆ 【阴影半径】：控制阴影、高光及明暗过渡的边缘的硬度。数值越大，阴影、高光及明暗过渡的边缘越柔和；数值越小，阴影、高光及明暗过渡的边缘越生硬，如图10-23所示。

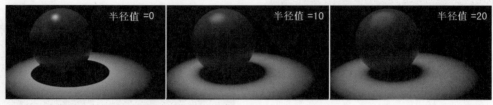

图 10-23

（2）【选项】卷展栏。

◆ 【影响漫反射】：启用时，光线会影响材质的漫反射特性。

◆ 【影响高光】：启用时，光线会影响材料的镜面反射。

◆ 【阴影】：启用时（默认开启），灯光投射阴影。禁用时，灯光不投射阴影。

（3）【焦散光子】卷展栏。

◆ 【焦散细分】：确定从光源发出的焦散光子的数量。值越低意味着噪点越大但渲染速度越快。值越高，效果越平滑，但需要更多的渲染时间。

选取聚光灯后打开聚光灯的控制点，通过调整相应的控制点，可以改变聚光灯的光源位置、目标点、照射范围及衰减范围，如图10-24所示。

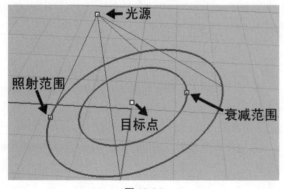

图 10-24

2. 点光源

点光源也称为"泛光灯"。单击【泛光灯】按钮，可以在场景中建立点光源。点光源是一种向四面八方均匀照射的光源，场景中可以用多个点光源来协作，以产生较好的照明效果。要注意的是，点光源不能建立过多，否则效果图就会显得平淡而呆板。如图10-25所示为在场景中创建的点光源。如图10-26所示为由点光源产生的照明效果。

图 10-25

图 10-26

点光源的参数设置和聚光灯的参数设置基本相同，这里不再赘述。

3. 穹顶光源

穹顶灯是 V-Ray 渲染器的专属光源，是一种可模拟物理天空的区域光源。单击【穹顶灯】按钮，可在场景中的圆顶或球形内创建穹顶灯，以覆盖传统的全局照明设置。穹顶灯可以模拟天光效果，该光源常被用来设置空间较为宽广的室内场景（教堂、大厅等）或在室外场景中模拟环境光。如图 10-27 所示为在场景中创建的穹顶灯。如图 10-28 所示为用穹顶灯模拟天光所产生的照明效果。

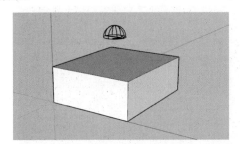

图 10-27

图 10-28

4. 矩形灯（面光源）

矩形灯也称"面光源"。单击【矩形灯】按钮，在场景中可以建立面光源。面光源在 V-Ray 中扮演着非常重要的角色，除了设置方便，渲染的效果也比较柔和。它不像聚光灯有照射角度的问题，而且能够让反射性材质反射这个矩形光源从而产生高光，更好地体现物体的质感。

面光源的特性主要有以下几个方面。

✦ 光源的大小对其亮度有影响：面光源的尺寸会影响其本身的光线强度，在相同的高度与光源强度下，尺寸越大其亮度也越大。

✦ 面光源的大小对投影的影响：较大的面光源光线扩散范围较大，所以物体产生的阴影不明显，较小的面光源光线比较集中，扩散范围较小，所以物体产生的阴影较明显。

✦ 面光源的光照方向：面光源的照射方向可以从矩形光源物体上突出的那条线的方向来判断。

✦ 对面光源的编辑：面光源可以用旋转和缩放工具来编辑。注意，用缩放工具调整面积时会对其亮度产生影响。如图 10-29 所示为场景创建的矩形光源。如图 10-30 所示为矩形光源产生的照明效果。

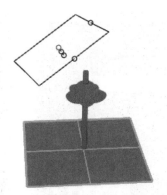

图 10-29

图 10-30

5. 太阳光源

V-Ray 自带的 SunLight 光源类型与天光配合使用，可以模拟出比较真实的太阳光照效果。在自然界中，太阳的位置不同，其光照效果也不同，所以 V-Ray 会根据设置的太阳位置模拟真实的光照效果，如图 10-3 所示。

图 10-31

单击【资源管理器】按钮 ⊘，弹出【V-Ray 资源管理器】对话框。在【光源管理】选项卡中 V-Ray 默认创建了 SunLight（太阳光）光源，如图 10-32 所示。展开整个选项卡，可以设置太阳光源选项，如图 10-33 所示。

图 10-32

图 10-33

通过设置太阳日照强度、浑浊度和臭氧等参数，可以模拟实际的太阳光在一天中的活动情况。例如，将太阳设置在东方较低的位置，V-Ray 就会模拟清晨的光照效果，设置在南方较高的位置就会产生中午的光照效果，如图 10-34 所示。

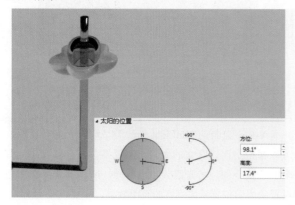

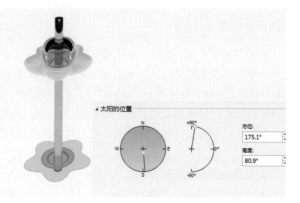

图 10-34

10.3　V-Ray 材质与贴图

在效果图制作中，当模型创建完成之后，必须通过"材质"系统来模拟真实材料的视觉效果。因为在 SketchUp 中创建的三维对象本身不具备任何质感特征，只有给场景物体赋上合适的材质后，才能呈现出具有真实质感的视觉特征。

"材质"就是三维软件对真实物体的模拟，通过它再现真实物体的色彩、纹理、光滑度、反光度、透明度、粗糙度等物理属性。这些属性都可以在 V-Ray 中运用相应的参数来进行设定，在光线的作用下，我们就可以看到一种综合的视觉效果。

材质与贴图有什么区别呢？材质可以模拟出物体的所有属性。贴图是材质的一个层级，对物体的某种单一属性进行模拟，如物体的表面纹理。一般情况下，使用贴图通常是为了改善材质的外观和真实感。

照明环境对材质质感的呈现至关重要，相同的材质在不同的照明环境下的表现会有所不同。如图 10-35 所示，左图光源设置为彩色，可以看到材质会反射光源的颜色；中间的图为白光环境下材质的呈现效果；右图光源照明较暗，材质的色彩也会相应产生变化。

图 10-35

在设置材质的色彩时需要注意以下两点。

✦ 由于白色会反射更多的光线，会使材质较为明亮，所以在材质设置时不要使用纯白或纯黑的色彩。

✦ 对于彩色的材质，设置时不要使用纯度太高的颜色。

10.3.1　材质的应用

生活中的物体虽然形态各异，但却是有规律可循的。为了更好地认识和表现客观物体，根据物体的材质质感特征，我们可以大致将生活中的各种材质分为五大类。

1. 不反光也不透明的材质

应用此类材质的物体包括未经加工过的石头和木头、混凝土、建材砖、石灰粉刷的墙面、石膏板、橡胶、纸张、厚实的布料等。此类材料的表面一般都较粗糙，质地不紧密，不具有反光效果，也不透明。生活中见到的大多数东西都属此类材质。此类材料应用的典型例子如图 10-36 和图 10-37 所示。

图 10-36　　　　　　　　　　　　　　　　图 10-37

2. 反光但不透明的材质

此类材料包括镜面、金属、抛光砖、大理石、陶瓷、不透明塑料、油漆涂饰过的木材等，它们一般质地紧密，都有比较光洁的表面，反光较强。例如，多数金属材质，在加工以后具有很强的反光特点，表面光滑度高，高光特征明显，对光源色和周围环境极为敏感，如图10-38所示。

图 10-38

此类材质中也有反光比较弱的，如经过油漆涂饰的木地板，其表面具有一定的反光和高光，但其程度比镜面、金属物体弱，如图10-39所示。

图 10-39

3. 反光且透明的材质

透明材质的透射率极高，如果表面光滑平整，人们便可以直接透过其本身看到后面的物体。而产品如果是曲面形态，那么在曲面转折的地方就会由于折射现象而扭曲后面物体的影像。因此，如果透明材质产品的形态过于复杂，光线在其中的折射过程也就会让人难以捉摸，因此透明材质既是一种富有表现力的材质，同时又是一种表现难度较高的材质。表现时仍然要从材质的本质属性入手，反射、折射和环境背景是表现透明材质的关键，将这三个要素有机地结合就能表现出晶莹剔透的效果。

透明材质有一个极为重要的属性——菲涅耳原理（Frenel），这个原理主要阐述了折射、反射和视线与透明体平面夹角之间的物体表现，物体表面法线与视线的夹角越大，物体表面出现反射的效果就越强烈。相信大家都有这样的经验，当站在一堵无色玻璃幕墙前时，直视墙体能够不费力地看清墙后面的事物，而当视线与墙体法线的夹角逐渐增大时，就会发现要看清墙后面的事物变得越来越难，反射现象越来越强烈了，周围环境的映像也清晰可辨，如图10-40所示。

图 10-40

透明材质在产品设计领域有着广泛的应用，由于它们具有既能反光又能透光的作用，所以经过透明件修饰的产品往往具有很强的生命力和冷静的美，人们也常常将它们与钻石、水晶等透明而珍贵的宝石联系起来，因此，对于提升产品档次也起到了一定的作用，如图10-41所示。无论是电话按键、冰箱把手，还是玻璃器皿等，大多是透明材质的。

图 10-41

4. 透明不反光的材质

此类物体包括窗纱、丝巾、蚊帐等。和玻璃、水不同的是，这类物体的质地较松散，光线穿过它们时不会发生扭曲，没有明显的折射现象，其形象特征如图 10-42 所示。

图 10-42

> **技术要点：**
> 生活中的反光物体，其分子结构是紧密的，表面都很光滑；不反光的物体，其分子结构是松散的，表面一般都比较粗糙，例如普通布料。

5. 透光但不透明的物体

此类物体包括蜡烛、玉石、多汁水果（如葡萄、西红柿）、黏稠浑浊的液体（如牛奶）、人的皮肤等，它们的质地构成不紧密，物体内部充斥着水分或者空气，所以，外界的光线能射入物体的内部并散射到四周，但却没办法完全穿透。在光的作用下，这些物体给人一种晶莹剔透的感觉。此类物体的形象特征，如图 10-43 和图 10-44 所示。

图 10-43 　　　　　　　　　　　　　　　　　图 10-44

理解现实生活中这几大类物体的物理属性是模拟物体质感的基础。只有善于把它们归类，才可以抓住物体的质感特征，把握它们在光影下的变化规律，从而轻松实现各种质感效果。

10.3.2 V-Ray 材质的赋予

V-Ray 材质的赋予操作是通过 V-Ray 资源管理器来实现的。打开【V-Ray 资源管理器】在【材质】选项卡中左栏位置单击，可以展开材质库，如图 10-45 所示。

图 10-45

材质库中列出了 V-Ray 所有的材质。先在材质库中选择某种材质库类型，在下方的【内容】列表中列出该类型材质库中所包含的全部材质，下面介绍两种材质的赋予操作。

1. 方法一：添加到场景

在【内容】材质库列表中选择一种材质，右击并在弹出的快捷菜单中选择【添加到场景】命令，可以将该材质添加到【材质】选项卡的【材质列表】标签中，如图 10-46 所示。【材质列表】标签下的材质是场景中使用的材质，可以随时将材质赋予场景中的任意对象。

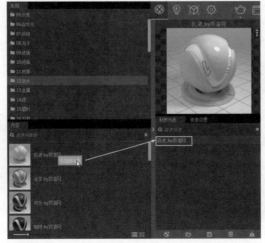

图 10-46

那么，怎样赋予对象呢？在【材质列表】标签下右击材质弹出快捷菜单，如图 10-47 所示，快捷菜单中各命令含义如下。

✦ 在场景中选择物体：可将视窗中已经赋予该材质的所有对象选中，如图 10-48 所示。

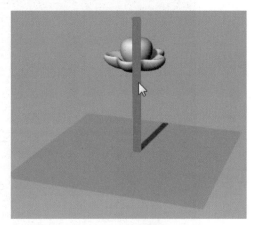

图 10-47　　　　　　　　　　　　　　　　　　图 10-48

✦ 将材质应用到选择物体：在视窗中先选取要赋予材质的对象，再选择此命令，即可完成材质赋予操作。

✦ 重命名：重新设置材质的名称。

✦ 将材质应用到图层：在知晓对象所在图层后，选择此命令，可将材质赋予图层中的对象，如图 10-49 所示。

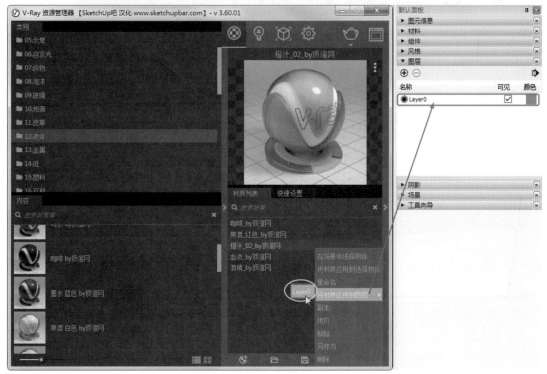

图 10-49

✦ 副本：可以创建一个副本材质，对副本材质做少许修改，即可得到新的材质。

✦ 拷贝：将材质复制到剪贴板中。

✦ 粘贴：将剪贴板中的材质粘贴到材质库中。

✦ 另存为：修改材质后，可以将材质保存到 V-Ray 材质库中（等同于底部的【将材质保存为文件】按钮　），如图 10-50 所示。以后调取此材质时，可在底部单击【导入 V-Ray 材质】按钮　。

图 10-50

✦ 删除：从场景中删除此材质，同时从对象上删除材质，等同于底部的【删除材质】按钮🗑️。

2. 方法二：将材质赋给所选物体

这种方法比较快捷，先在视窗中选中要赋予材质的对象，然后在【内容】材质库中右击某种材质，并在弹出的快捷菜单中选择【将材质赋给所选物体】命令即可，如图 10-51 所示。

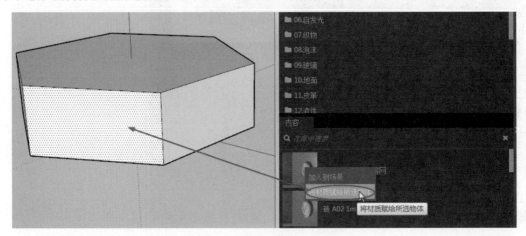

图 10-51

10.3.3 材质编辑器

V-Ray 渲染器提供了一种特殊材质——V-Ray 材质，它允许在场景中更好地物理校正照明（能量分布），更快地渲染，更方便地反射和折射。在【材质】选项卡右边栏单击，可展开材质编辑器，如图 10-51 所示。

图 10-52

材质编辑器面板中包含 3 个重要的控制选项：VRayBRDF、材质选项和贴图。

10.3.4 【VRayBRDF】设置

在 V-Ray 材质中，可以应用不同的纹理贴图，控制反射和折射，添加凹凸贴图和位移贴图，强制直接 GI（全局照明）计算，以及为材质选择 BRDF（双向反射分布）。接下来简要介绍卷展栏选项的含义。

1.【漫反射】卷展栏

新建的材质默认只有一个漫反射层，其参数调节在【漫反射】卷展栏中进行，如图 10-52 所示。漫反射层主要用于表现材质的固有颜色，单击其右侧的 按钮，在弹出的位图图库中可以为材质增加纹理贴图，如图 10-53 所示。可以为材质增加多个漫反射层，以表现更为丰富的漫反射颜色。添加位图后单击底部的【返回】按钮，返回材质编辑器中。

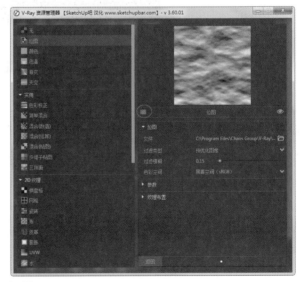

图 10-53

✦ 颜色图例：设置材质的漫反射颜色，也可以用后面的▦贴图控制。

✦ ▭─●颜色微调按钮：拖动滑块，可以增加或减少颜色的漫反射度。

✦ ▦贴图按钮：单击该按钮，可以为材质表面增加纹理贴图，材质的颜色将会被覆盖。

✦ 【粗糙度】：用于模拟覆盖有灰尘的粗糙表面（例如，皮肤或月球表面）。如图 10-54 所示的例子中，演示了粗糙度参数变化的效果。随着粗糙度的增加，材料显得更加粗糙。

粗糙度 =0　　　　　　　　粗糙度 =0.3　　　　　　　　粗糙度 =0.6

图 10-54

2.【反射】卷展栏

反射是表现材质质感的一个重要元素。自然界中的大多数物体都具有反射属性，只是有些反射非常清晰，可以清楚地看出周围的环境；有些反射非常模糊，周围环境变得非常发散，不能清晰地反映周围环境。

【反射】卷展栏如图 10-55 所示。

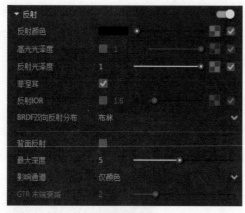

图 10-55

✦ 【反射颜色】：通过右侧的颜色滑块▭────●来控制反射的强度，黑色为不反射，白色为完全反射，如图 10-56 所示为反射颜色的示例。

反射颜色 = 黑色　　　　　　反射颜色 = 中等灰度　　　　　反射颜色 = 白色

图 10-56

✦ 【高光光泽度】：为材质的镜面突出显示启用单独的光泽度控制。选中此复选框并将值设置为 1.0，将禁用镜面高光。

✦ 【反射光泽度】：指定反射的清晰度。使用细分值参数来控制光泽反射的质量，1.0 的值意味着完美的镜像反射，较低的值会产生模糊或光泽的反射，如图 10-57 所示。

反射光泽度 = 1.0　　　　　反射光泽度 = 0.8　　　　　反射光泽度 =0.6

图 10-57

✦【菲涅耳】：菲涅耳效应是自然界中物体反射周围环境的一种现象，即物体法线朝向人眼或摄像机的部位反射效果越轻微，物体法线越偏离人眼或摄像机的部位反射效果越强烈。选中【菲涅耳】复选框后，可以更真实地表现材质的反射效果。如图 10-58 所示为选中【菲涅耳】复选框后设置不同 IOR 值的渲染效果和取消选中该复选框的渲染效果。

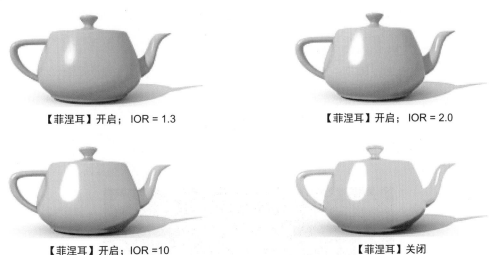

【菲涅耳】开启；IOR = 1.3　　　　　　　　【菲涅耳】开启；IOR = 2.0

【菲涅耳】开启；IOR =10　　　　　　　　　【菲涅耳】关闭

图 10-58

✦【反射 IOR】：这是一个非常重要的参数，数值越大反射的强度也就越强，如金属、玻璃、光滑塑料等材质的【反射 IOR】强度可以设置为 5 左右，一般塑料或木头、皮革等反射较为不明显的材质则可以设置为 1.55 以下。不同【反射 IOR】数值的渲染效果如图 10-59 所示。

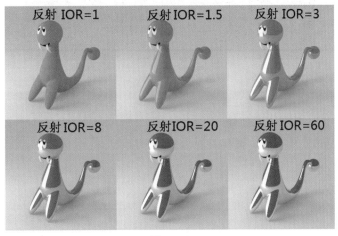

图 10-59

✦ 【BRDF 双向反射分布】：确定 BRDF 的类型，建议对金属和其他高反射材料使用 GGX 类型。如图 10-60 所示展示了 V-Ray 中可用的 BRDF 之间的差异，注意不同 BRDF 产生的不同亮点。

BRDF 类型 = 平滑　　　BRDF 类型 = 布林　　　BRDF 类型 = 沃德　　　BRDF 类型 = GGX

图 10-60

✦ 【背面反射】：取消选中该复选框时，仅针对物体的正面计算反射，反之，背面反射也将被计算。

✦ 【最大深度】：指定光线可以被反射的次数。具有大量反射和折射表面的场景，可能需要更大的深度值才能使效果看起来更为理想。

✦ 【影响通道】：指定哪些通道会受材料反射率的影响。

✦ 【GTR 末端衰减】：仅当 BRDF 设置为 GGX 时才有效，它可以通过控制尖锐镜面高光的消退速率来微调镜面反射。

3. 【折射】卷展栏

在表现透明材质时，通常会为材质添加折射属性，该选项用于设置透明材质。

【折射】卷展栏如图 10-61 所示，该卷展栏中的部分选项含义与【反射】卷展栏中相同，下面仅介绍不同的选项。

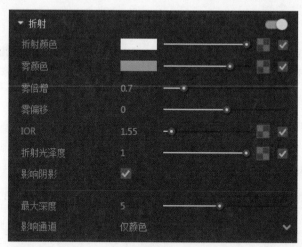

图 10-61

✦ 【折射颜色】：指定材质中光线折射的颜色。

✦ 【雾颜色】：用于设置透明材质的颜色，如有色玻璃。

✦ 【雾倍增】：控制透明材质颜色的浓度，值越大颜色越深。将雾色设置为 R:122,G:239,B:106，不同的雾色倍增值效果如图 10-62 所示。

✦ 【雾偏移】：改变雾颜色的应用方式。负值使物体的薄的部分更透明，厚的部分更不透明，反之亦然（正值使较薄的部分更不透明，较厚的部分更透明）。

✦ 【影响阴影】：选中此复选框后，投影颜色会受到雾色的影响，使投影更有层次感。

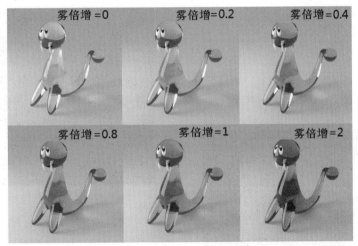

图 10-62

✦ 【影响通道】：选中此复选框后，Alpha 通道会受到雾色影响。

4.【色散】卷展栏

【色散】卷展栏如图 10-63 所示。

图 10-63

【色散】卷展栏中各选项的含义如下。

✦ 【色散】：启用时，将计算真实的光波长色散。

✦ 【色散强度】：增加或减少色散效应，降低它扩大了色散，反之亦然。

5.【半透明】卷展栏

【半透明】卷展栏如图 10-64 所示。

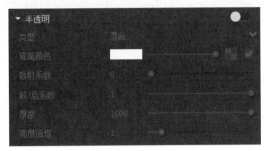

图 10-64

半透明材质效果是一种比较特殊的半透明效果，蜡、皮肤、牛奶、果汁、玉石等都属于此类。这种材质会在光线传播过程中吸收其中的一部分，光线进入的距离不同，光线被吸收的程度也不同。

【半透明】卷展栏中各选项的含义如下。

✦ 【类型】：选择用于计算半透明度的算法。必须启用折射才能看到此效果。包括【硬（蜡）模型】和【混合】两种。【硬（蜡）模型】特别适合硬质材料，如大理石。【混合】是最现实的 SSS 模型，适合模拟皮肤、牛奶、果汁和其他半透明材料。

✦ 【背面颜色】：控制材质的半透明效果，不要使用白色全透明，这会让光线被吸收过多而变黑，也不要使用黑色完全不透明，这会没有透光效果，可以尝试使用灰色。

✦ 【散射系数】：设置物体内部散射的数量。0 意味着光线在任何方向都进行散射；1 代表光线在次表面散射过程中不能改变散射方向。

✦ 【前/后系数】：设置光线散射方向。数值为 0 时，光线散射朝向物体内部；数值为 1 时，光线散射朝向物体外部；数值为 0.5 时，朝物体内部和外部散射数量相等。

✦ 【厚度】：用于限定光线在物体表面下跟踪的深度。数值越大，光线在物体内部消耗得越快。

✦ 【亮度倍增】：设置半透明亮度的倍增值。

6.【透明度】卷展栏

【透明度】卷展栏如图 10-65 所示，各选项含义如下。

✦ 【透明度】指定材质的透明度，纹理贴图可以分配给这个通道。

图 10-65

✦ 【模式】：控制不透明度图的工作方式。

◆ 【自定义透明源】：启用时，V-Ray 使用 Alpha 通道来控制材质不透明度。

7. 【高级选项】卷展栏

【高级选项】卷展栏如图 10-66 所示，各选项含义如下。

图 10-66

◆ 【双面】：选中该复选框后，V-Ray 将使用此材质翻转背面的法线；否则，将始终计算材料"外侧"上的照明，这可以用来为纸张等薄物体实现假半透明效果。

◆ 【使用发光贴图】：选中该复选框时，发光贴图将用于近似物料的漫反射间接照明。反之，将使用强力 GI。

◆ 【雾单位比例】：选中该复选框时，雾色衰减取决于当前的系统单位。

◆ 【线性工作流程】：选中该复选框时，V-Ray 将调整采样和曝光以使用 Gamma 1.0 曲线，这是默认被禁用的。

◆ 【反/折射终止阈值】：低于此阈值的反射/折射不会被跟踪。V-Ray 试图估计反射/折射对图像的贡献，如果它低于此阈值，则不计算这些效果。不要将其设置为 0.0，因为在某些情况下，渲染时间可能会过长。

◆ 【能量保存】：确定漫反射和折射颜色如何相互影响。

8. 【倍增】卷展栏

【倍增】卷展栏如图 10-67 所示，各选项含义如下。

◆ 【模式】：指定倍增器如何混合纹理和颜色。

◆ 【漫反射】：这里的漫反射主要用于表现贴图的固有颜色。

◆ 【反射颜色】：反射是表现材质质感的一个重要元素，此选项主要设置贴图的反射光颜色。

图 10-67

◆ 【反射光泽度】：设置贴图反射光的光线强度。取值范围为 0~1。当值为 1 时，表示凸台不会显示光泽，当值小于 1 时贴图才表现有光泽度。

◆ 【折射颜色】：设置贴图折射光的颜色。

◆ 【IOR】：设置贴图的折射率，折射率越小，反射强度也会越微弱。

◆ 【折射光泽度】：设置贴图折射光的光泽度。

◆ 【透明度】：设置贴图的不透明度。

10.3.5 【材质选项】设置

【材质选项】卷展栏中的选项用于设置光线跟踪、材质双面属性等，如图 10-68 所示。如果没有特殊要求，建议用户使用默认设置。

图 10-68

【材质选项】卷展栏各选项含义如下。

◆ 【允许覆盖】：选中该复选框时，当在全局开关中启用【覆盖颜色】选项时，材质将被覆盖。

◆ 【透明通道影响度】：确定渲染图像的 Alpha 通道中对象的外观。

◆ 【ID 颜色】：允许指定一种颜色来表示材质 ID VFB 渲染元素中的材质。

◆ 【不可见反射 / 折射】：开启此选项，反射与折射光线将不可见，关闭则可见。

◆ 【优化排除】：取消时，应用此材质的所有对象都不会投射阴影。

10.3.6 【贴图】设置

【贴图】设置用于为各个通道添加贴图，包含 3 个选项卷展栏，如图 10-69 所示。

【凹凸 / 法线贴图】卷展栏

【置换】卷展栏

【环境覆盖】卷展栏

图 10-69

1.【凹凸 / 法线贴图】卷展栏

✦ 【凹凸 / 法线贴图】：模拟粗糙的表面，将带有深度变化的凹凸材质贴图赋予物体，经过光线渲染处理后，物体的表面就会呈现凹凸不平的质感，而无须改变物体的几何结构或增加额外的点面。

✦ 【模式 / 贴图】：指定贴图类型，包括凹凸贴图、本地空间凹凸贴图和法线贴图 3 种。

✦ 【数量】：凹凸贴图的效果倍增量。

✦ 【高级选项】：仅当贴图类型为【法线贴图】时，才可设置高级选项。

✦ 【法线贴图模式】：指定法线贴图类型，有 4 种类型可选。

✦ 【三角面比例】：减小数值来锐化凹凸，增加凹凸的模糊效果。

2.【置换】卷展栏

✦ 【置换】控制贴图置换效果。

✦ 【模式 / 贴图】：指定将被渲染的置换模式。

✦ 【数量】：置换的数量。

✦ 【位移】：将纹理贴图沿着物件表面的法线方向向上或向下移动。

✦ 【保持连续性】：如果选中该复选框，当存在来自不同平滑组和 / 或材质 ID 的面时，尝试生成连接的曲面，而不分割。需要注意的是，使用材质 ID 不是组合位移贴图的好方法，因为 V-Ray 无法始终保证表面的连续性。使用其他方法（顶点颜色、蒙版等）来混合不同的位移贴图。

✦ 【视图依赖】：选中该复选框后，边长确定子像素边缘的最大长度（以像素为单位）。值为 1.0 表示子三角形的最长边投影到屏幕上时约为 1 像素。取消时，边长是像素单位中最大子三角形的边长。

✦ 【边长】：此值控制贴图的位移质量。在贴图的原始像素网格中，每个三角形被细分为若干子三角形。更多的小三角形意味着贴图像素的更高质量及更长的渲染时间。

✦ 【最大细分】：设置对原始网格物体的最大细分数量，计算时采用的是该参数的平方值，数值越大效果越好，但速度也越慢。

✦ 【水平面位置】：仅当启用了贴图置换操作后，此选项才被激活。表示纹理凸贴图的一个偏移面，在该平面下的贴图将被剪切。

3.【环境覆盖】卷展栏

✦ 【背景环境】：用贴图覆盖当前材质所处的背景。

✦ 【反射环境】：覆盖该材质的反射环境。

✦ 【折射环境】：覆盖该材质的折射环境。

10.4 V-Ray 渲染器设置

V-Ray 渲染参数是比较复杂的，但是大部分参数只需要保持默认设置就可以达到理想的效果，真正需要动手设置的参数并不多。

在【V-Ray 资源管理器】的【设置】选项卡中，单击右栏后可展开其他重要的渲染设置卷展栏，如图 10-70 所示。

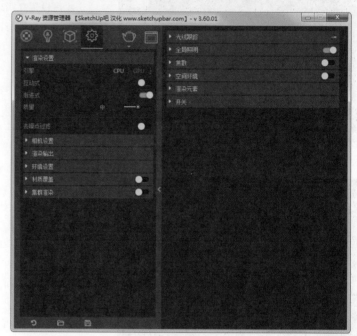

图 10-70

接下来仅介绍渲染时需要进行设置的这部分渲染卷展栏。其中，【环境设置】卷展栏已经在前面介绍 V-Ray 环境光源时详细介绍了，在此不再赘述。

10.4.1 【渲染设置】卷展栏

【渲染设置】卷展栏提供了对常见渲染功能的便捷访问方式，例如选择渲染设备、打开 / 关闭 V-Ray 交互式和渐进式模式，如图 10-71 所示，卷展栏中各选项含义如下。

图 10-71

✦ 【引擎】：在 CPU 和 GPU 渲染引擎之间切换。启用 GPU 可以解锁右侧的菜单，可以在其中选择要执行光线追踪计算的 CUDA 设备或将它们组合为混合渲染。计算机 CPU 在 CUDA 设备列表中也被列为"C ++ / CPU"。

✦ 【互动式】：使交互式渲染引擎能够在场景中编辑对象、灯光和材质的同时查看渲染器图像的更新。交互式渲染仅在渐进模式下工作。

✦ 【渐进式】：在迭代中渲染整幅图像。动态的噪波阈值可以产生更均匀的噪点分布。渲染时图像逐渐变得倾斜，噪点逐渐变少，效果提高很明显。

✦ 【质量】：不同的预设值自动调整光线跟踪全局照明设置。

✦ 【去噪点过滤】：开启降噪功能，详细的降噪设置在【渲染元素】卷展栏中，如图 10-72 所示。

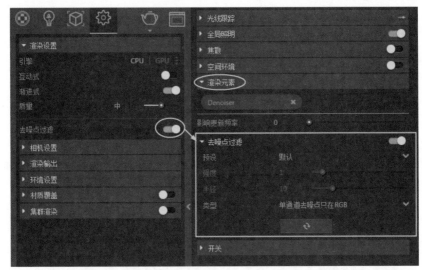

图 10-72

10.4.2　【相机设置】卷展栏

　　【相机设置】卷展栏控制场景几何体投影到图像上的方式。V-Ray 中的摄像机通常定义投射到场景中的光线，这也就是将场景投射到屏幕上。

　　【相机设置】卷展栏的【标准相机】设置如图 10-73 所示。默认情况下，设置的相机仅显示调整相机所需的基本设置，以帮助用户创建基本的渲染。可以单击【标准相机】设置区域右上角的开关按钮━将其更改为【高级】设置，如图 10-74 所示。

　　✦ 【类型】：包括"标准""球形全景虚拟现实"与"立方体贴图虚拟现实"。其中，"标准"适用于自然场景的局部区域；"球形全景虚拟现实"是 720° 全景图像，也是虚拟现实图像的一种；"立方体贴图虚拟现实"是基于室内 6 个墙面（四周墙面、顶棚和地板）的全景图像。

　　✦ 【立体】：启用或禁用立体渲染模式。基于输出布局选项，立体图像呈现为"并排"或"一个在另一个之上"，不需要重新调整图像分辨率，因为它会自动调整。

图 10-73

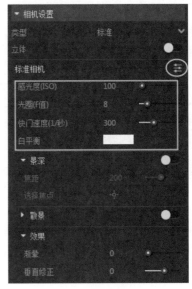

图 10-74

1.【标准相机】选项区（标准设置）

【标准相机】选项区用于启用物理相机。启用时，曝光值、光圈 F 值、快门速度和 ISO 设置会影响图像的整体亮度。

✦ 【曝光值（EV）】：控制相机对场景照明级别的灵敏度。

✦ 【白平衡】：场景中具有指定颜色的对象在图像中显示为白色。需要注意的是，只有色调被考虑在内，颜色的亮度被忽略。有几种可以使用的预设，最值得注意的是外部场景预设的日光。如图 10-75 所示为白平衡的示例。光圈 F 值为 8.0，快门速度为 200.0，胶片感光度 ISO 为 200.0，在【效果】卷展栏设置【渐晕】值为 1（开启"渐晕"效果）。

> **技术要点：**
> 使用白平衡颜色可以进一步修改图像输出。场景中具有指定颜色的对象在图像中将显示为白色。例如，对于日光场景，该值可以是桃色以补偿太阳光的颜色等。

白平衡是白色（255,255,255）　　　白平衡是蓝色（145,65,255）　　　白平衡是桃色（20,55,245）

图 10-75

2.【标准相机】选项区（高级设置）

✦ 【感光度（ISO）】：胶片的感光度。较小的值会使图像变暗，而较大的值会使图像变亮。如图 10-76 所示为胶片感光度的应用示例。设定曝光值为 10，设定快门速度为 60.0，光圈 F 值为 8.0，设定渐晕值为 1，设定"白平衡"为白色。

> **技术要点：**
> 该参数决定了胶片的灵敏度以及图像的亮度。如果胶片感光度（ISO）较高（胶片对光线较为敏感），则图像较亮。较低的 ISO 值意味着该胶片不太敏感并且会产生较暗的图像。

ISO 是400　　　　　　　　ISO 是800　　　　　　　　ISO 是1600

图 10-76

✦ 【光圈 F 值】：决定相机光圈的宽度。如图 10-77 所示为光圈应用示例，快门速度为 60.0，"ISO"为 200，"渐晕"打开，"白平衡"为白色，示例中的所有图像均使用 V-RaySunSky 设置其默认参数进行渲染。

技术要点：
　　【光圈（F 数字）】控制虚拟相机的光圈大小。降低 F 数值会增加光圈尺寸，并使图像更明亮，因为更多光线进入相机。反之，增加 F 数字会使图像变暗，因为光圈尺寸变小。

F号码 是8.0

F号码 是6.0

F号码 是4.0

图 10-77

　　✦【快门速度（1/s）】：静止照相机的快门速度，以秒为单位。例如，1/30 秒的快门速度对应于该参数的值为 30。如图 10-78 所示为快门速度示例，"曝光"开启，"光圈 F 值"为 8.0，"胶片感光度 ISO"为 200，"渐晕"开启，"白平衡"为白色。

快门速度为125.0

快门速度为60.0

快门速度为30.0

图 10-78

技术要点：
　　此参数确定虚拟相机的曝光时间，这个时间越长（快门速度值越小），图像就越亮。相反，如果曝光时间较短（高快门速度值），图像会变暗，此参数还会影响运动模糊效果。

3.【景深】卷展栏（标准设置）

　　【景深】卷展栏定义相机光圈的形状。禁用时会模拟一个完美的圆形光圈。启用时，用指定数量的叶片模拟多边形光圈。

　　✦【散焦】：相机散焦成像，与聚焦相反。

　　✦【焦距】：对焦距离影响景深，并确定场景的哪一部分将对焦。

　　✦【选择焦点】按钮：通过在摄像机应该对焦的视口中拾取，确定三维空间中的位置。

4.【散景】卷展栏（高级设置）

　　启用【散景】卷展栏可模拟真实世界相机光圈的多边形形状。当该选项关闭时，形状被认为是正圆形的。

　　✦【叶片数】：设置光圈多边形的边数。

　　✦【中心偏移】：定义散景的偏差形状。值为 0.0 意味着光线均匀通过光圈。正值使光线集中在光圈的边缘，负值则将光线集中在光圈的中心。

✦ 【旋转】：定义叶片的方向。

✦ 【各向异性】：允许横向或纵向延伸散景效果。正值在垂直方向上延伸效果，负值将其沿水平方向拉伸。

5.【效果】卷展栏

✦ 【渐晕】：该参数模拟控制真实世界相机的光学渐晕效果。指定渐晕效果的数量，其中 0.0 为无渐晕，1.0 为正常渐晕。如图 10-79 所示为渐晕效果应用示例。

晕影是 0.0（渐晕被禁用）

晕影是 1.0

图 10-79

✦ 【垂直修正】：使用此参数可以实现两点透视效果。

10.4.3　【光线跟踪】卷展栏

在 V-Ray 中【光线跟踪】卷展栏控制图像的渲染质量，包括噪点限制、阴影比率、抗锯齿过滤及其优化设置等。光线跟踪设置仅在关闭【互动式】渲染选项时才可用。

【光线跟踪】卷展栏的选项也分"标准设置"和"高级设置"两种，如图 10-80 所示。

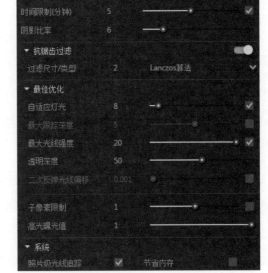

【光线跟踪】卷展栏 - 标准设置　　　　　　　　【光线跟踪】卷展栏 - 高级设置

图 10-80

当【渲染设置】卷展栏中的【互动式】选项及【渐进式】选项被关闭时，【光线跟踪】卷展栏也分"标准设置"和"高级设置"，如图 10-81 所示。

【光线跟踪】卷展栏 - 标准设置

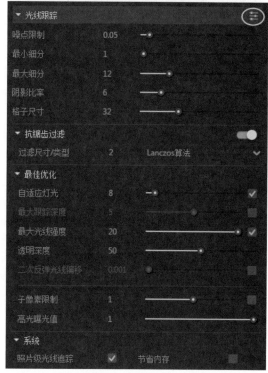

【光线跟踪】卷展栏 - 高级设置

图 10-81

下面介绍所有标准设置与高级设置中的各子卷展栏选项及参数含义。

✦ 【噪点限制】：指定渲染图像中可接受的噪点级别。数字越小，图像的质量越高（噪点越小）。

✦ 【时间限制（分钟）】：指定以分钟为单位的最大渲染时间。达到指定数量时，渲染停止。这只是最终像素的渲染时间。

✦ 【最小细分】：确定每个像素采样的初始（最小）数量。该值很少需要高于 1，除非是细线或快速移动物体与运动模糊相结合。实际采用的样本数量是该数字的平方，例如，4 个细分值会产生每个像素 16 个采样。

✦ 【最大细分】：确定一个像素的最大采样数量。

实际采用的样本数量是该数字的平方。例如，4 个细分值会产生每个像素 16 个采样。需要注意的是，如果相邻像素的亮度差异足够小，则 V-Ray 可能会少于最大样本数。

✦ 【阴影比率】：控制将使用多少光线计算阴影效果（例如光泽反射、GI、区域阴影等），而不是抗锯齿。数值越大意味着花在消除锯齿上的时间就越少，并且在对阴影效果进行采样时会付出更多努力。

✦ 【格子尺寸】：确定以像素为单位的最大区域宽度（选择区域 W/H）或水平方向上的区域数（选择区域计数时）。

1.【抗锯齿过滤】子卷展栏

✦ 【过滤尺寸 / 类型】：控制抗混叠滤波器的强度和要使用的抗混叠滤波器的类型。

2.【最佳优化】子卷展栏

✦ 【自适应灯光】：选中该复选框时，由 V-Ray 评估场景中的灯光数量。为了从光源采样中获得正面效果，该值必须低于场景中的实际灯光数量。值越小，渲染速度越快，但结果可能会更粗糙。较大的值会导致在每个节点计算更多的灯光，从而产生较少的噪点，但会增加渲染时间。

✦ 【最大跟踪深度】：指定将为反射和折射计算的最大反弹次数。

✦ 【最大光线强度】：指定所有辅助射线被夹紧的等级。

✦ 【透明深度】：控制透明物体追踪深度的程度。

✦ 【二次反弹光线偏移】：将应用于所有次要光线的最小偏移。如果场景中有重叠的面，可以使用此功能以避免可能出现的黑色斑点。

✦ 【子像素限制】：指定颜色分量将被钳位的电平。

✦ 【高光曝光值】：选择性地将曝光校正应用于图像中的高光。

3.【系统】子卷展栏

✦ 【照片级光线追踪】：启用英特尔的光线追踪内核。

✦ 【节省内存】：Embree（表示英特尔开发的高性能光线追踪内核的集合）将使用更加紧凑的方法来存储三角形，这可能会稍慢，但会减少内存使用量。

10.4.4 【全局照明】卷展栏

全局照明是指在渲染场景中的真实照明，包括光的直接照射、折射及物体反射（间接照明）。如果在【渲染设置】卷展栏中开启【互动式】选项，仅开启了直接照明，此时的【全局照明】卷展栏如图 10-82 所示。

关闭【互动式】选项，同时开启了直接照明和间接照明（GI），此时的【全局照明】卷展栏如图 10-83 所示。

图 10-82

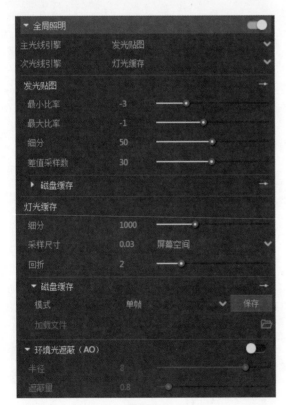

图 10-83

1.【主光线引擎】选项

指定用于主要光线反弹的 GI（间接照明）方法包含以下 3 种主光线引擎。

（1）【发光贴图】引擎。

使 V-Ray 对初始漫反射使用发光贴图。通过在三维空间中创建具有点集合的贴图，以及在这些点上的计算

的间接照明来工作。【发光贴图】的详细设置如图 10-84 所示。

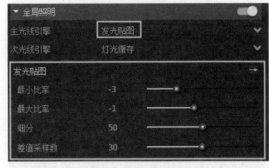

图 10-84

✦ 【最小比率】：确定第一个 GI 通道的分辨率。值为 0 意味着分辨率将与最终渲染图像的分辨率相同，这将使发光贴图与直接计算方法类似。值为 −1 意味着分辨率将是最终图像的一半。

✦ 【最大比率】：确定最后一个 GI 通道的分辨率。这与自适应细分图像采样器的最大速率参数（尽管不相同）类似。

✦ 【细分】：控制各个 GI 样本的质量。较小的值使渲染进度变得更快，但可能会产生斑点结果。值越大，图像越平滑。

✦ 【差值采样数】：该值定义被用于插值计算的 GI 样本的数量。较大的值会取得较光滑的效果，但会模糊 GI 的细节；较小的取值会得到锐利的细节，但是也可能会产生黑斑。

（2）【强算】引擎。

这是最简单、最原始的算法，也称直接照明计算。其渲染速度很慢，但效果是最精确的，尤其是在具有大量细节的场景。不过，如果没有较高的细分值，通过【强算】引擎渲染出来的图像会有明显的颗粒效果。仅当在【渲染设置】卷展栏中开启【互动式】选项后，可以设置强算，如图 10-85 所示。

✦ 【全局照明深度】：指定将要计算的光线反弹次数，GI 深度也将用于计算交互式渲染 GI 深度。

图 10-85

（3）【灯光缓存】引擎。

为主要漫反射指定光缓存。关于【灯光缓存】的选项设置在后面【灯光缓存】卷展栏中会详细介绍。

2.【次光线引擎】选项

指定用于二次反射的 GI 方法，包括"无""强算"和"灯光缓存"3 种引擎。如图 10-86 所示为主光线引擎与次光线引擎搭配使用的渲染效果对比。

仅限直接照明：GI 已关闭。　　　一次反射：发光贴图，无二次 GI 引擎　　　二次反射：发光贴图 + 强算

4 次反射：发光贴图 + 强算 +3 次的二次反射　　　8 次反射：发光贴图 + 强算 +7 次的二次反射　　　无限次反射（完全漫射照明解决方案）：发光贴图 + 灯光缓存

图 10-86

3.【灯光缓存】卷展栏

灯光缓存是用于近似场景中的全局照明的技术。

✦ 【细分】：确定摄像机追踪的路径数。路径的实际数量是细分的平方（默认 1000 个细分意味着将从摄像机追踪 1000000 条路径），如图 10-87 所示为"细分"的应用示例。

细分 = 500　　　　　　细分 = 1000　　　　　　细分 = 2000

图 10-87

✦ 【采样尺寸】：确定灯光缓存中样本的间距。较小的数值意味着样本将彼此更接近，灯光缓存将保留光照中

的尖锐细节,但会更嘈杂,并会占用更多内存。

+ 【回折】:此选项可在光缓存会产生太大错误的
情况下提高全局照明的精度。对于有光泽的反射和折射,
V-Ray 根据表面光泽度和距离来动态决定是否使用光缓
存,以使由光缓存引起的误差最小化。需要注意的是,
此选项可能会增加渲染时间。

4.【磁盘缓存】卷展栏

+ 【模式】:控制光子图的模式,包括单帧、全帧、
Form File 使用文件和渐进路径跟踪。

+ 【单帧】:设置此选项,将生成动画的单帧光
子图。

【全帧】:设置此选项,将会为动画的所有帧计
算出新的光子图,它将覆盖之前渲染遗留的光子贴图。

+ 【Form File】:启用时 V-Ray 不会计算光子贴图,
但会从文件加载。单击右侧的浏览按钮指定文件名称。

+ 【渐进路径跟踪】:这种模式仅当主光线引擎和
次光线引擎为"发光贴图"时才能使用。采用了渐进式
渲染引擎的光线跟踪方法,此模式的渲染效果很好,但
更耗时。

5.【环境光遮蔽(AO)】卷展栏

【环境光遮蔽(AO)】卷展栏控制允许将环境遮
挡项添加到全局照明解决方案中。

+ 【半径】:确定产生环境遮挡效果的区域的数量
(以场景单位表示)。

+ 【遮蔽量】:指定环境遮挡量,0.0 值不会产生
环境遮挡。

10.4.5 【焦散】卷展栏

焦散是一种光学现象,光线从其他对象反射或通过
其他对象折射之后投射在对象上所产生的效果。在 V-Ray
场景中,要生成焦散效果必须满足 3 个基本条件,包括
能生成焦散的灯光、产生焦散的对象以及接受焦散的
对象。

【焦散】卷展栏如图 10-88 所示。其中【磁盘缓存】
卷展栏在【全局照明】卷展栏中已经详细介绍过,在此
不再赘述。

+ 【搜索距离】:当 V-Ray 需要渲染给定表面点
的焦散效果时,它会搜索阴影点(搜索区域)周围区域
中该表面上的光子数。搜索区域是一个原始光子在中心
的圆,其半径等于搜索距离值。较小的值会产生更锐利
但可能更嘈杂的焦散;较大的值会产生更平滑,但模糊

的焦散。

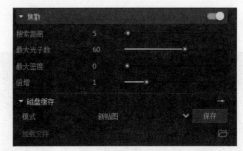

图 10-88

+ 【最大光子数】:指定在表面上渲染焦散效果时
将要考虑的最大光子数。较小的值会导致使用较少的光
子,并且焦散会更尖锐,但也许更嘈杂。较大的值会产
生更平滑,但模糊的焦散。当最大光子数为 0 时,意味
着 V-Ray 将可以在搜索区域内找到所有光子。

+ 【最大密度】:限制焦散光子图的分辨率(以及
内存)。每当 V-Ray 需要在焦散光子图中存储新光子时,
它首先会查看在此参数指定的距离内是否还有其他光子。

+ 【倍增】:控制焦散的强度。此参数是全局性的,
适用于产生焦散的所有光源。如果需要不同光源的不同
倍频器,可以使用本地光源设置。

10.4.6 【渲染元素】卷展栏

渲染元素是一种将渲染分解为其组成部分的方法,
例如漫反射颜色、反射、阴影、遮罩等。在重新组合最
终图像时,使用合成或图像编辑应用程序对最终图像进
行微调控制组件元素。渲染元素有时也被称为"渲染
通道"。

当没有设置渲染元素时,【渲染元素】卷展栏如图
10-89 所示。在【添加元素】列表中可以选择一种渲染元素,
如图 10-90 所示。

图 10-89

图 10-90

当在【渲染设置】卷展栏中开启了【去噪点过滤】选项后，【渲染元素】卷展栏中显示【去噪点过滤】子卷展栏，如图 10-91 所示。

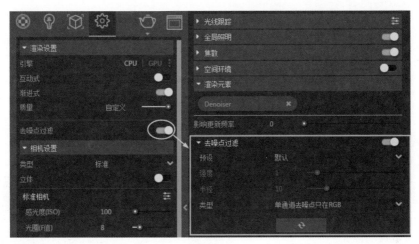

图 10-91

下面介绍【去噪点过滤】子卷展栏的选项。

✦　【影响更新频率】：设置降噪效果的更新频率，较高的频率会导致降噪器的更新更频繁，也会增加渲染时长，一般设置为 5~10 的值就足够了。

✦　【预设】：提供预设以自动设置强度和半径值。

✦　【强度】：确定降噪操作的强度。

✦　【半径】：指定要降噪的每个像素周围的区域，较小的半径将影响较小范围的像素。较大的半径会影响较大的范围，这会增加噪点。

✦　【类型】：指定是否仅对 RGB 颜色渲染元素或其他元素进行去噪点。

第 11 章

V–Ray 场景渲染案例

本章将学习各种场景的渲染案例，全面介绍 V-Ray 在渲染过程中的参数设置与输出方法。

 知识要点

✦ 展览馆中庭空间渲染案例
✦ 厨房渲染案例
✦ 材质应用技巧案例
✦ 室内布光技巧案例

11.1　展览馆中庭空间渲染案例

源文件：\Ch11\ 室内中庭 .skp
结果文件：\Ch11\ 室内中庭 .skp
视频：\Ch11\ 展览馆中庭空间渲染案例 .wmv

本例以某展览馆的中庭空间作为渲染对象，目的是学习如何在室内进行布光。

本例将参考一张效果图进行分析，然后确定渲染方案及操作方法，渲染参考图如图 11-1 所示。对比参考图，需要创建一个与渲染参考图中视角相同的场景，如图 11-2 所示。接下来在 SketchUp 中利用 V-Ray 渲染器对中庭空间进行渲染，如图 11-3 和图 11-4 所示为初次渲染和添加人物及其他摆件后的渲染效果图。

图 11-1

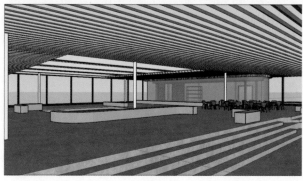

图 11-2

图 11-3

图 11-4

本例的源文件"室内中庭 .skp"已经完成了材质的应用，接下来的操作中主要以布光技巧应用与调色及后期处理为主。

　　源文件模型中并没有人物及其他植物组件，需要从材质库中调入。

1. 创建场景

01 打开本例源文件"室内中庭 .skp"，如图 11-5 所示。

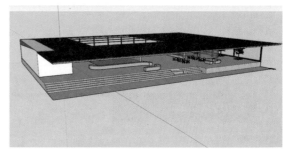

图 11-5

02 调整好视图角度和相机位置，执行【视图】|【两点透视】命令，如图 11-6 所示。

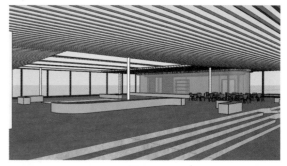

图 11-6

03 在【场景】面板中单击【添加场景】按钮 ⊕，创建场景号 1，如图 11-7 所示。

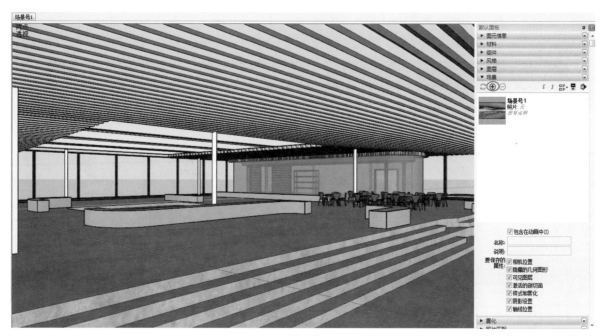

图 11-7

2. 添加组件

人物和植物等组件可以通过 SketchUp 中的 3D Warehouse 获得，3D Warehouse 可以上传自己的模型与网络中的设计人员共享，当然也能分享其他设计师的模型。

01 执行【文件】|【3D Warehouse】命令，打开 3D Warehouse 窗口，在该窗口中的搜索栏中选择"人物"类型，显示所有人物模型，如图 11-8 所示。

图 11-8

> **技术要点：**
> 要使用 3D Warehouse 的前提条件是必须注册一个官网账号，3D Warehouse 中的模型均免费。

02 在左侧的【子类别】下拉列表中选择【插孔】，然后在人物列表中找到一种符合当前场景的人物（一位坐姿的女性人物），并单击【下载】按钮 ↓ 下载，如图 11-9 所示。

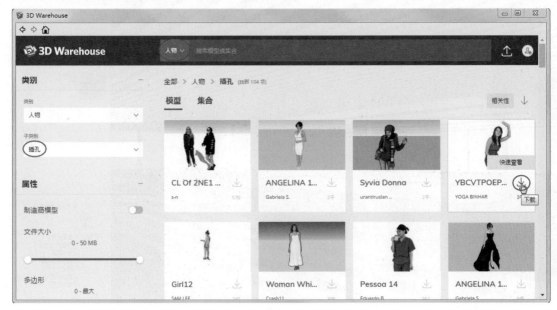

图 11-9

03 下载女性人物模型后，将其移至场景中的椅子上，并适当旋转，如图 11-10 所示。

04 载入第二个女性人物（寻找挎包或者手拿包的女性人物），如图 11-11 所示。

图 11-10

图 11-11

05 最后载入一个男性人物，并使该男性背对着镜头，如图 11-12 所示。

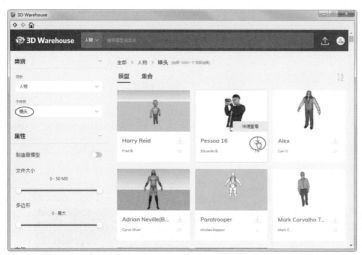

图 11-12

06 添加植物组件，载入植物模型的方法与人物模型的方法相同，分别载入本例源文件中"植物组件"的植物模型，并放置在中庭花园及餐厅外侧，如图 11-13 所示。

> **技术要点：**
> 这里重点提示：当载入植物模型后，无论是渲染还是操作模型都会严重影响系统的反应速度，造成软件系统卡顿。因此，可以在光源添加完成并调试成功后，再添加植物组件。当然，最好的解决方法是添加二维植物组件，因为二维组件比三维组件的渲染效率更高。

图 11-13

初期的渲染主要是以自然的天光照射为主。

01 在【阴影】面板中设置阴影，如图 11-14 所示。

图 11-14

02 打开【资源管理器】对话框，首先利用交互式渲染预览阴影效果，看看是否符合参考图中的阴影效果，如图 11-15 所示。从渲染效果看，基本满足室内的光源照射要求，但是还要根据实际的环境进行光源的添加与布置。由于中庭顶部与玻璃窗区域是黑的，没有体现光源，所以接下来要添加光源。

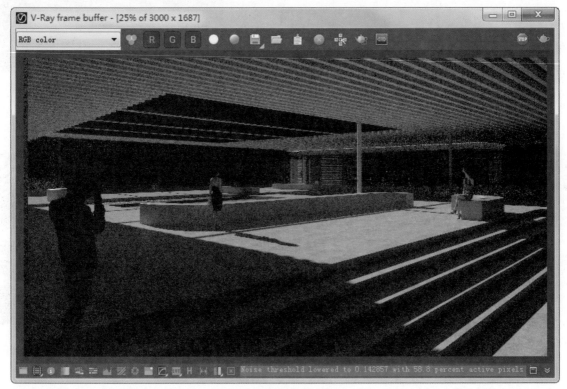

图 11-15

03 添加穹顶灯表示天光。单击【无限大平面】按钮🛋，添加一个无限平面，如图 11-16 所示。

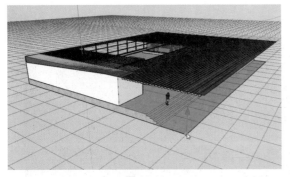

图 11-16

04 单击【穹顶灯】按钮☁，将穹顶灯放置在无限平面的位置，如图 11-17 所示。

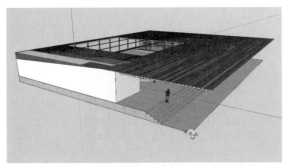

图 11-17

05 添加面光源。单击【矩形灯】按钮🔲，并调整大小及位置，如图 11-18 所示。

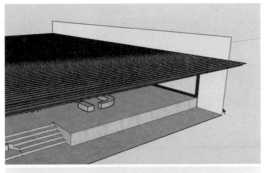

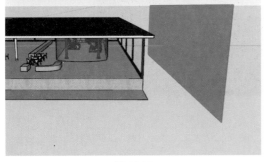

图 11-18

06 添加面光源，面光源的大小及位置如图 11-19 所示。

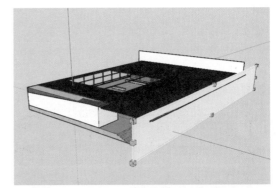

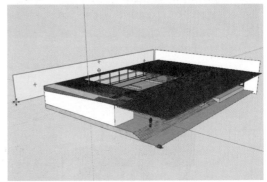

图 11-19

07 在【光源】选项卡中调整各光源的强度值，如图 11-20 所示。重新交互式渲染，得到如图 11-21 所示的效果。

图 11-20

图 11-21

08 从渲染效果看,布置穹顶灯和面光源的效果还是比较理想的。现在,可以将植物组件逐一导入场景中了,如图 11-22 所示。

09 关闭交互式渲染。打开渐进式渲染,设置渲染质量及渲染输出,如图 11-23 所示。

图 11-22

图 11-23

10 为了增强太阳光的眩晕效果,在中庭顶部添加一盏球灯,并设置球灯的强度为 2000,如图 11-24 所示。

图 11-24

11 单击【渲染】按钮 开始渲染,渲染效果如图 11-25 所示。

图 11-25

12 在帧缓存窗口中,单击 按钮打开镜头效果设置面板,并按如图 11-26 所示进行设置,获得太阳光光晕效果,实际上是对球形灯光进行眩光调整。

图 11-26

🔢 设置全局预设，如图 11-27 所示。

图 11-27

🔢 至此，完成了本例展览馆中庭的渲染，最终效果如图 11-28 所示。

图 11-28

11.2 厨房渲染案例

源文件：\Ch11\ 厨房 .skp
结果文件：\Ch11\ 厨房 .skp
视频：\Ch11\ 厨房渲染案例 .wmv

本例以厨房空间作为渲染操作对象，目的是学习如何在室内进行室内和室外布光。

本例渲染参考图如图 11-29 所示。对比着参考图，需要创建一个与渲染参考图中视角及相机位置都相同的场景，如图 11-30 所示。

图 11-29

图 11-30

由于材质的应用不是本节的重点，所以本例源文件中已经完成了材质的操作，接下来的操作中主要以布光技巧及调色和后期处理为主。

11.2.1 创建场景和布光

源文件模型中并没有人物及其他植物组件，需要从材质库中调入。

1. 创建场景

01 打开本例源文件"厨房 .skp"，如图 11-31 所示。

02 调整好视图角度和相机位置，执行【视图】|【两点透视】命令，如图 11-32 所示。

图 11-31

图 11-32

03 在【场景】面板中单击【添加场景】按钮 ⊕，创建场景号 1，如图 11-33 所示。

图 11-33

2. 布光

01 添加穹顶灯表示天光。单击【无限大平面】按钮 ☐ 添加一个无限平面，如图 11-34 所示。

02 单击【穹顶灯】按钮 ◯，将穹顶灯放置在无限平面的位置，如图 11-35 所示。

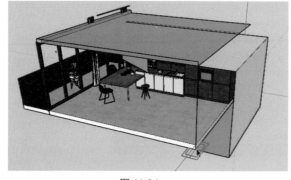

图 11-34

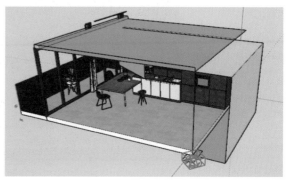

图 11-35

03 为穹顶灯添加 HDR 贴图，从而让室外有景色。在资源管理器的【光源】选项卡中选中穹顶灯光源，然后在右侧展开的【主要】卷展栏中单击 ▨ 贴图按钮，如图 11-36 所示。

图 11-36

04 从本例源文件夹中打开"外景.jpg"图片文件，并设置贴图选项，如图 11-37 所示。开启交互式渲染，并绘制渲染区域，初次渲染效果如图 11-38 所示。

图 11-37

05 从渲染效果看，穹顶灯光源太暗，没有表现出室外风景，在【光源】选项卡中调整穹顶灯光源的强度为 80，再次查看交互式渲染效果，如图 11-39 所示。

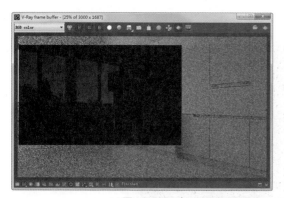

图 11-38

图 11-39

06 穹顶灯光源强度效果表现出来了，只是室内没有灯光照射，如果表现晴天的光线照射，可以打开 V-Ray 自动创建的太阳光源，并调整日期与时间，交互式渲染结果如图 11-40 所示。

图 11-40

07 如果要表现阴天的场景效果，需要关闭太阳光，窗外添加面光源表示天光。需要补充面光源，表示天光从室外反射进室内。单击【矩形灯】按钮 ▽，并调整大小及位置，如图 11-41 所示。

08 利用【矩形】命令 ◩ 绘制矩形面，将房间封闭，避免其余杂光进入室内，并设置光源的强度为 150，如图 11-42 所示。

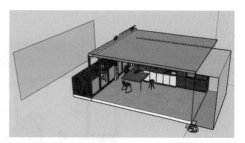

图 11-41

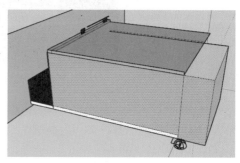

图 11-42

09 在资源管理器中设置面光源为"不可见"，如图 11-43 所示。

图 11-43

10 查看交互式渲染效果，发现已经有光源反射到室内了，如图 11-44 所示。

图 11-44

11 取消材质覆盖再查看材质的表现情况，如图 11-45 所示。从表现效果看，整个室内场景的光色较冷，局部区域照明不足,可以添加室内面光源,或者修改某些材质的反射参数来解决。

图 11-45

12 此处采用修改材质反射度参数的方法来改进。利用【材料】面板中的【样本颜料】工具 ✎,在场景中拾取橱柜中的材质。下面举例其中一种材质,拾取材质后会在 V-Ray 资源管理器的【材质】选项卡中显示该材质,然后修改其反射参数即可,如图 11-46 所示。

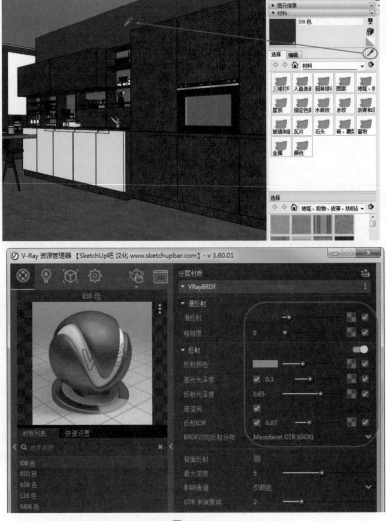

图 11-46

13 其余材质也按此方法进行材质参数的修改。在交互式渲染过程中如果发现窗帘过于反光，可以修改其漫反射值，如图 11-47 所示。

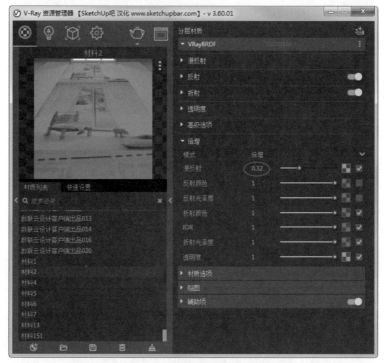

图 11-47

11.2.2　渲染及效果图处理

前面的材质与布光设置完成后，正式进行渐进式渲染。渲染后在帧缓存窗口中进行图形处理。

01 取消交互式渲染，改为渐进式渲染，并设置渲染输出参数，初期渲染效果如图 11-48 所示。

图 11-48

02 首先检查曝光，曝光位置就是窗外的光源位置，如图 11-49 所示。

图 11-49

03 打开全局渲染设置面板，设置曝光、色温、对比度等选项，如图 11-50 所示。

图 11-50

04 设置曲线，调整光源的明暗度，如图 11-51 所示。

图 11-51

05 保存图片，至此完成了本例厨房的渲染操作，最终渲染效果如图 11-52 所示。

图 11-52

11.3　材质应用技巧案例

源文件：\Ch11\Materials_Start.skp
结果文件：\Ch11\Materials_finish.skp
视频：\Ch11\ 材质应用范例 .avi

本例介绍了利用 V-Ray for SketchUp 材质库轻松创作不同风格的图片，以及如何编辑现成材质和制作新的材质。如图 11-53 所示为应用材质后的最终渲染效果图。

图 11-53

11.3.1　创建场景

本例需要创建 3 个场景用作渲染视图。

01 打开本例的 Materials_Start.skp 文件，如图 11-54 所示。

图 11-54

02 将视图调整为如图 11-55 所示的状态。执行【视图】|【动画】|【添加场景】命令，将视图状态保存为一个动画场景，方便进行渲染操作。创建场景号 1 并重命名为"主要视图"，如图 11-56 所示。

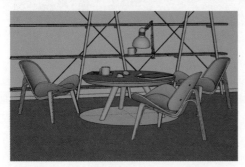

图 11-55

图 11-56

03 同理，再创建一个名为"茶杯视图"的场景号 2，如图 11-57 所示。

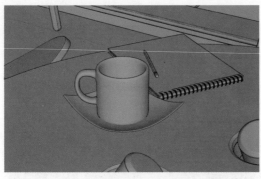

图 11-57

> ▲ **技术要点：**
> 创建场景后如果对视图状态不满意，可以逐步调整视图状态，直到满意为止。然后在视图窗口的左上角的场景选项标签中右击，选择快捷菜单中的【更新】命令，可以将新视图状态更新到当前场景中。

11.3.2 渲染初设置

为了让渲染进度加快，需要对 V-Ray 进行初始设置。

01 单击【资源管理器】按钮 ⊘，弹出【V-Ray 资源管理器】对话框。

02 在【设置】选项卡中进行渲染设置，如图 11-58 所示。单击【用 V-Ray 交互式渲染】按钮 ，对当前场景进行初步渲染，可以查看基础灰材质场景的状态，如图 11-59 所示。

技术要点：
启用交互式渲染,可以在进行每一步的渲染设置后自动将设置应用到渲染效果中,可以帮助用户快速进行渲染操作与更改。

图 11-58

图 11-59

03 同理,对"茶杯视图"场景也进行基础灰材质渲染。

04 在打开的 V-Ray frame buffer 帧缓存窗口中单击 Region render 渲染区域按钮，在帧缓存窗口中绘制一个矩形区域(在茶杯和杯托周围定义渲染区域),这会把交互式渲染限制在这个特定区域内,这样可以集中处理杯子的材质,如图 11-60 所示。

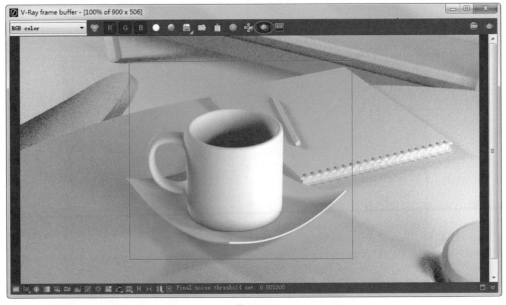

图 11-60

11.3.3　将 V-Ray 材质赋予"茶杯视图"场景中的对象

接下来利用 V-Ray 默认材质库中的材质对茶杯视图中的模型对象赋予材质。基础灰材质渲染完成后,要及时关闭【材质覆盖】选项,便于后续应用材质后能及时反馈模型中的材质表现状态。

01 首先设置茶杯的材质。茶杯材质属于陶瓷类型,打开【V-Ray 资源管理器】对话框,并在【材质】选项卡中展开左侧的材质库。在材质库中的 Ceramics & Porcelain（陶瓷）类型中,将 Porcelain_A02_Orange_10cm 橙色陶瓷材质拖至【材质列表】标签中,如图 11-61 所示。

图 11-61

02 在"茶杯视图"场景选中茶杯模型对象,并在【材质列表】标签中右击 Porcelain_A02_Orange_10cm 材质,在弹出的快捷菜单中选择【将材质应用到选择物体】命令,随即完成材质的应用,如图 11-62 所示。

图 11-62

03 应用材质后可以从打开的 V-Ray frame buffer 帧缓存窗口中查看材质应用的效果，如图 11-63 所示。

图 11-63

04 同理，可以将其他陶瓷材质应用到茶杯模型上，实时查看交互式渲染效果，以获得满意的效果，如图 11-64 所示。

图 11-64

05 接下来将类似的陶瓷材质赋予杯托模型，如图 11-65 所示。

图 11-65

图 11-65（续）

06 随后处理桌面的材质。在 V-Ray frame buffer 帧缓存窗口中绘制一个区域，将材质渲染集中应用到桌面上，如图 11-66 所示。

图 11-66

07 在"茶杯视图"场景中选中桌子模型对象，并将材质库 Glass（玻璃）类别中的 Glass_Tempered（绿色镀膜玻璃）材质赋予选中的桌面模型，如图 11-67 所示。

图 11-67

08 查看 V-Ray frame buffer 帧缓存窗口中的矩形渲染区域，查看桌面材质效果，如图 11-68 所示。

图 11-68

09 为笔记本绘制一个矩形渲染区域，如图 11-69 所示。

图 11-69

10 选中笔记本模型，并将材质库 Paper 分类中的 Paper_C04_8cm 带图案的材质赋予笔记本，交互式渲染效果如图 11-70 所示。

图 11-70

技术要点：

　　由于仅是对笔记本的封面进行渲染，里面的纸张就不必应用材质了，因此，在执行【将材质应用到选择物体】命令后，材质并不会赋予封面，这时需要在 SketchUp 的【材料】面板中将 Paper_C04_8cm 材质赋予笔记本封面，如图 11-71 所示。

图 11-71

11 笔记本上的图案比例较大，可以在【材料】面板中的【编辑】选项卡下修改纹理比例值，如图 11-72 所示。

图 11-72

11.3.4　将 V-Ray 材质赋予"主要视图"场景中的对象

01 切换到"主要视图"场景中，在 V-Ray frame buffer 帧缓存窗口中取消区域渲染，并重新绘制包含桌面底板及桌腿部分的渲染区域，同时在场景中按 Shift 键选取桌面底板及桌腿对象，如图 11-73 所示。

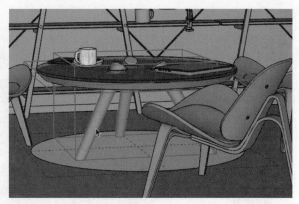

图 11-73

02 将材质库的 Wood & Laminate 类别中的 Laminate_D01_120cm 材质赋予桌面底板及桌腿，同时在【材料】面板中修改纹理尺寸值，如图 11-74 所示。

图 11-74

03 同理，将这个 Laminate_D01_120cm 材质赋予 3 个椅子对象。操作方法是：在场景中双击一个椅子组件并进入组件编辑状态，然后再选择椅子对象，即可将材质赋予椅子，交互式渲染效果如图 11-75 所示。

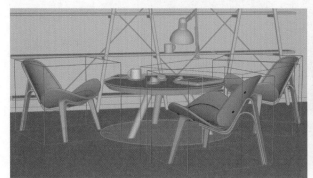

图 11-75

04 选择椅子中包含的螺钉对象，选择一颗螺钉，其余椅子上的螺钉被同时选中，然后将 Metal 类别中的 Aluminum_Blurry（铝_模糊）材质赋予螺钉，渲染效果如图 11-76 所示。

图 11-76

05 同理，将 Fabric（织物）类别中的 Fabric_Pattern_D01_20cm（布料 _ 图案）赋予椅子上的坐垫，并修改纹理尺寸，效果如图 11-77 所示。如果【材料】面板中没有显示坐垫材质，可以单击【样本颜料】按钮 ✎ 去场景中吸取坐垫材质。椅子的材质应用完成后，在场景中右击并在弹出的快捷菜单中选择【关闭组件】命令。

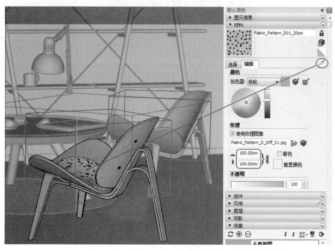

图 11-77

06 选择靠背景墙一侧的支撑架与支撑板以及螺钉对象，统一赋予"Steel_Polished 钢 _ 光滑"材质。然后绘制包含支撑架、支撑板及螺钉的渲染区域，如图 11-78 所示。

图 11-78

07 将 Clay_B01_50cm 陶瓷材质赋予支撑架上的一只茶杯,如图 11-79 所示。

图 11-79

08 给桌子上的笔记本电脑应用材质。在 V-Ray frame buffer 帧缓存窗口中定义笔记本电脑的渲染区域,如图 11-80 所示。

图 11-80

09 将材质库 Plastic 类别中的 Plastic_Leather_B01_Black_10cm 黑色塑料材质赋予笔记本电脑的下半部分,渲染效果如图 11-81 所示。

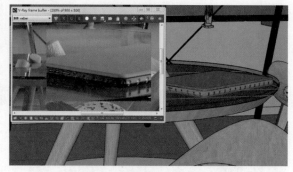

图 11-81

10 同理,将 Metallic_Paint_BronzeDark(金属 - 涂料 - 青铜暗)材质赋予笔记本电脑的上半部分,渲染效果如图 11-82 所示。

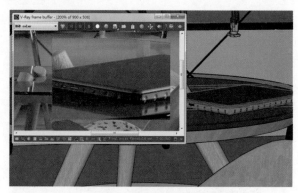

图 11-82

11 设置背景墙的材质。绘制背景墙渲染区域,将 WallPaint & Wallpaper 材质类别中的 WallPaint_FineGrain_01_Yellow_1m(壁纸 _ 细粒 _01_ 黄色 _1 米)材质赋予背景墙,如图 11-83 所示。

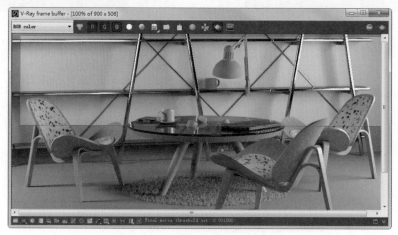

图 11-83

12 设置地板材质。绘制地板渲染区域，将 Stone（石料）材质类别中的 Stone_F_100cm 材质赋予地板，并在【材料】面板中修改此材质的纹理尺寸，交互式渲染效果如图 11-84 所示。

图 11-84

13 最后设置台灯的材质。绘制台灯渲染区域，将 Metal（金属）材质类别中的 Metallic_Foil_Red 金属箔红材质赋予台灯，交互式渲染效果如图 11-85 所示。

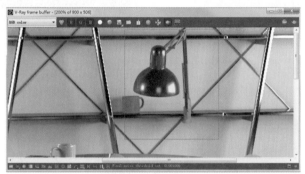

图 11-85

11.3.5　渲染

01 在 V-Ray frame buffer 帧缓存窗口中底部工具栏中单击第一个按钮 ，对话框右侧打开颜色校正选项边栏。在边栏中单击 Globals（全局）按钮弹出全局预设菜单，在该菜单中选择 Load 选项，从本例源文件夹中打开 CC_01.vccglb 或 CC_02.vccglb 预设文件，如图 11-86 所示。

图 11-86

02 两种预设文件载入后的交互式渲染效果对例如图 11-87 所示。

预设 1 的效果

预设 2 的效果

图 11-87

03 最终选择 CC_02.vccglb 的效果作为本例的渲染预设文件。在【V-Ray 资源管理器】对话框的【设置】选项卡中，首先结束交互式渲染（单击 按钮），然后重新进行渲染设置，如图 11-88 所示。

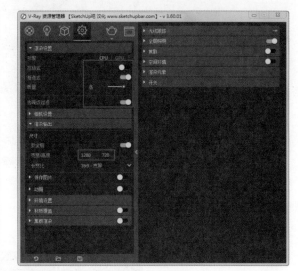

图 11-88

04 单击【用 V-Ray 渲染】按钮 ，进行最终的图像渲染，效果图如图 11-89 所示。

图 11-89

11.4　室内布光技巧案例

　　本例以 V-Ray 渲染室内客厅进行介绍，主要分为布光前准备、设置灯光、材质调整、渲染出图几部分。室内客厅建立了 3 个不同的场景页面，如图 11-90 所示为在白天与黄昏时的渲染效果。

　　本例中由于是关于 V-Rar 布光的范例，因此材质的应用在本例中就不详细介绍了。

白天渲染效果　　　　　　　　　　　　　　　　黄昏渲染效果

图 11-90

11.4.1　白天布光

1. 创建场景

01 首先打开本例源文件 Interior_Lighting_Start.skp，该文件已创建完成了 3 个场景，便于布光操作，如图 11-91 所示。

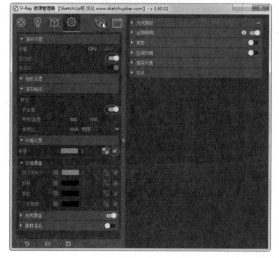

图 11-91

02 打开【V-Ray 渲染管理器】对话框，开启交互式渲染，开启材质覆盖，然后进行交互式渲染，如图 11-92 所示。

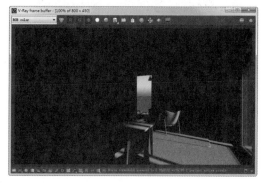

图 11-92

图 11-93

03　在【阴影】面板中调整时间，让外面的太阳光可以照射到室内，如图 11-94 所示。

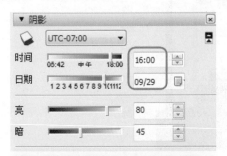

图 11-94

04　在【设置】选项卡的【相机设置】卷展栏中设置曝光值为 9，让更多的光从阳台外照射进室内，如图 11-95 所示，满意后关闭交互式渲染。

图 11-95

2. 布置阳台入户处的天光

01　创建面光源来模拟天光。单击【矩形灯】按钮，创建第一个面光源，并调整面光源的大小，如图 11-96 所示。

图 11-96

02　切换到"视图_02"场景中，再创建一面光源，如图 11-97 所示。

图 11-97

> ! **技术要点：**
>
> 　　绘制面光源时，最好是在墙面上绘制，这样能保证面光源与墙面平齐，然后再进行缩放和移动操作即可。

03 创建面光源后使用【移动】工具 ❖ 分别将两个面光源向滑动玻璃门外平移。切换回"主视图"场景中，查看交互式渲染的布光效果，如图 11-98 所示。

图 11-98

04 可以看到添加的面光源只是代表来自户外的天光，而不是真正的一块面光源，所以还要对面光源进行设置。注意两个面光源的设置要保持一致，如图 11-99 所示。

图 11-99

05 可以看到对面光源进行设置后的渲染效果，完全模拟了自然光从户外照射进室内的情景，如图 11-100 所示。

图 11-100

06 在【设置】选项卡中关闭【覆盖材质】选项，再次查看真实材质在自然光照射下的交互式渲染效果，如图 11-101 所示。

图 11-101

07 取消交互式渲染，改为产品级的渐进式渲染，渲染效果如图 11-102 所示。

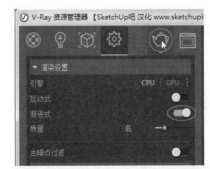

图 11-102

08 效果图的后期处理。在 V-Ray 帧缓存窗口中，展开渲染全局预设选项。在窗口底部的工具栏中单击【颜色校正】按钮 ▤，查看渲染效果中曝光的问题，如图 11-103 所示。在全局预设选项中开启 Exposure 曝光参数选项，设置高光混合值（Highlight Burn）为 0.7。注意不要设置得太低，因为有可能让图片变得很平（缺乏明暗对比），重新渲染后的效果看起来曝光不那么明显了，如图 11-104 所示。

图 11-103

图 11-104

09 开启白平衡（White Balance）参数并设置为6000。开启色相饱和度（Hue/Saturation）参数，此参数可以用来调节色彩倾向和色彩明度。开启色彩平衡（Color Balance）参数，可以更直接地控制图像的色彩，调试这些参数，找到合理的色彩平衡参数，如图11-105所示。

图 11-105

10 开启曲线（Curve）参数，调整场景的对比度，如图 11-106 所示。

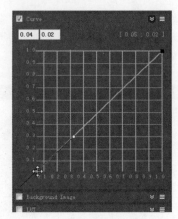

图 11-106

11 在底部工具栏中单击Open lens effects（打开相机效果）按钮，在窗口左侧将显示控制相机效果的选项。开启光晕（Bloom），给远处的窗口带来更多真实摄影的光感。调整光晕的形状，将其变小，变成更微妙的效果，把数值设置为20.50。权重（Weight）参数控制着光晕效果对全图的影响程度，设置为2.83，制造一点点的光晕效果。把尺寸（Size）设置为9.41，最终效果如图11-107所示。

图 11-107

12 将后期处理的效果图输出。

11.4.2　黄昏时的布光

01 在【V-Ray 资源管理器】对话框的【设置】选项卡中重新开启【材质覆盖】选项，开启交互式渲染，在【环境设置】卷展栏中取消选中【背景】贴图选项的复选框，这样会减少室内环境光，设置背景值为 5，背景颜色可以适当调深，如图 11-108 所示。

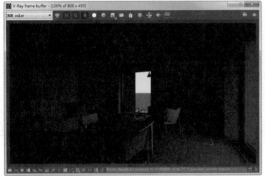

图 11-108

02 为场景添加聚光灯。在主视图场景中连续两次双击灯具组件，进入其中一个灯具组的编辑状态，如图 11-109 所示。如果向该灯具添加光源，那么其余的相同灯具会自动添加光源。

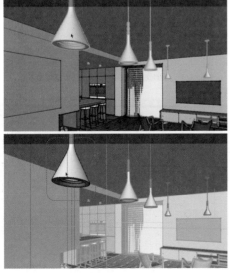

图 11-109

03 单击【聚光灯】按钮，在灯具底部放置聚光灯，光源要低于灯具，如图 11-110 所示。添加后退出灯具组编辑状态。

图 11-110

04 为场景添加 IES 光源。切换到"视图_02"场景，然后调整视图角度，便于放置灯源。单击【IES 灯】按钮，从本例源文件夹中打开"10 .IES"光源文件，然后在书柜顶部添加一个 IES 光源，然后将其复制一个（在移动灯具的过程中按下 Ctrl 键），如图 11-111 所示。

图 11-111

05 在厨房添加泛光灯。调整视图到厨房，单击【球灯】按钮并在靠近天花板的位置放置球灯，如图 11-112 所示。

图 11-112

06 双击"主视图"场景返回初始视图状态，然后进行交互式渲染，结果如图 11-113 所示。可见各种光源的效果不甚理想，需要进一步调整光源效果。

图 11-113

07 将聚光灯和球灯的光源线关闭，仅开启要设置的 IES 光源。在 V-Ray 帧缓存窗口中绘制渲染区域，如图 11-114 所示。

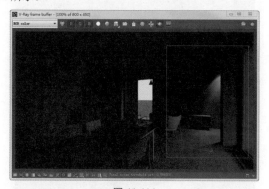

图 11-114

08 IES 文件自带一个亮度信息，但是对于这个场景我们要覆盖原始信息，自定义一个亮度。在 IES 光源的编辑器中设置光源强度，如图 11-115 所示。

图 11-115

09 开启球灯并编辑其参数，将厨房的球灯灯光颜色调得稍暖一些，并适当增大强度，如图 11-116 所示。

图 11-116

10 开启聚光灯并设置光源参数，如图 11-117 所示。

图 11-117

11 查看交互式渲染效果，整体效果不错，但是桌子与椅子的阴影太尖锐了，如图 11-118 所示。

图 11-118

12 将聚光灯光源的【阴影半径】参数值修改为 1，使其边缘更柔和，如图 11-119 所示。

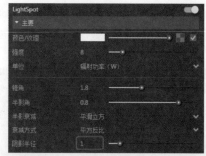

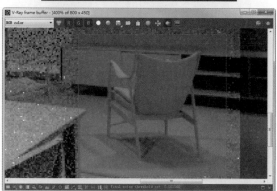

图 11-119

13 同样，将聚光灯的颜色调整为一种暖色。关闭交互式渲染，改为产品级的真实渲染，关闭【材质覆盖】选项，渲染效果如图 11-120 所示。

图 11-120

14 在 V-Ray 帧缓存窗口中，按前一案例中图像效果的处理方法，处理本例的图形渲染效果，如图 11-121 所示。

  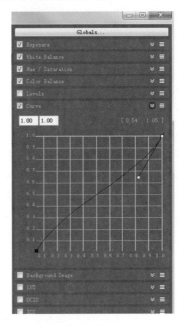

图 11-121

15 最终处理的渲染效果如图 11-122 所示。最后输出渲染图像，保存场景文件。

图 11-122

在传统二维模式下进行方案设计时，无法很快校验和展示建筑的外观形态，对于内部空间更是难以直观把握。虽然在 SketchUp 中可以实时地查看模型的透视效果、创建漫游动画、进行日光分析等，但由于 SketchUp 没有专业渲染器，无法实时表达建筑 3D 的渲染及可视化，为此将模型导入 Lumion 软件中进行全景渲染及视角漫游，使设计师在与甲方交流时能充分表达其设计意图。

 知识要点

+ Lumion 软件简介
+ Lumion 的功能标签
+ Lumion 建筑可视化案例

12.1 Lumion 软件简介

本节将推荐一款当前国内建筑与室内设计师应用最为广泛的建筑可视化渲染软件——Lumion。

Lumion 是一款实时渲染软件，具有真实环境的渲染效果，深受建筑设计师、室内设计师的喜爱。Lumion 可以从 Revit、3ds Max、SketchUp、AutoCAD、Rhino 或 ArchiCAD 以及其他三维建模程序中导入模型，Lumion 通过逼真的景观和城市环境、时尚效果以及数千种物体和材料，为设计注入活力。

12.1.1　Lumion 8.5 软件下载与试用

Lumion 8.5 需要到官网中申请试用和下载。

技术要点：

目前，官网正式向广大学生群体推出了免费版 Lumion 9.3。在官网的【教育】标签下按照操作提示，即可获取免费使用的教育版。教育版不能用于实际工作，因为教育版的文件不能在商业版软件中打开或保存。但两者的功能是完全相同的，此外，所有的图库都会有一个小水印。

1.Lumion LiveSync for SketchUp 插件

Lumion LiveSync for SketchUp 插件是一款 SketchUp 与 Lumion 实时联动的插件，意思就是 SketchUp 与 Lumion 软件同时打开，在 Lumion 软件中进行 3D 可视化场景设计时，在 SketchUp 中可以实时播放效果。

实例：下载 Lumion LiveSync for SketchUp 插件

01 打开网页浏览器，输入 https://support.lumion3d.net.cn 进入 Lumion 官网主页，如图 12-1 所示。

图 12-1

02 单击【下载】按钮，弹出导入和导出插件下载页面。这里共有 5 种模型插件供用户选择。选择 Download Lumion LiveSync for SketchUp 选项，在弹出的 Download Lumion LiveSync for SketchUp 页面中，仅有插件介绍却没有插件下载的方式，如图 12-2 所示。

图 12-2

03 官网提示需要到 SketchUp 插件商店（网址 https://extensions.SketchUp.com/）中下载此插件程序。搜索 Lumion LiveSync for SketchUp 插件，随后进入插件下载页面，如图 12-3 所示。

图 12-3

04 从搜索到的结果中单击【用于 SketchUp 的 Lumion LiveSync】链接，然后进入下载页面，单击【下载】按钮，即可下载插件，如图 12-4 所示。

图 12-4

2. 插件安装与 SketchUp 模型的导出

Lumion 与 SketchUp 联动时，Lumion 读取的不是 skp 格式文件，而是 dae 格式的文件。

实例：安装 Lumion LiveSync for SketchUp 插件程序

01 下载的 Lumion LiveSync for SketchUp 插件文件格式为 .rbz，需要在 SketchUp 中进行安装。

02 启动 SketchUp 2019 软件，执行【窗口】|【扩展程序管理器】命令，打开【扩展程序管理器】对话框，如图 12-5 所示。

图 12-5

03 单击【安装扩展程序】按钮，打开下载的 lumion_livesync_for_SketchUp_3.52.774.rbz 插件程序，随后自动安装插件，结果如图 12-6 所示。

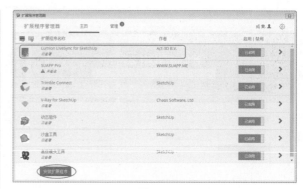

图 12-6

04 插件安装完成后会在 SketchUp 2019 软件窗口中弹出 Lumion LiveSync 工具栏，如图 12-7 所示。通过使用该工具栏中的工具，可以临时使用 Lumion 来实时观察模型。

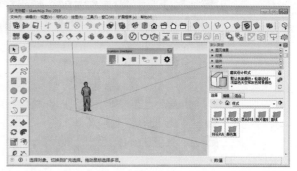

图 12-7

05 在 SketchUp 中完成模型设计后，执行【文件】|【导

出】|【三维模型】命令，在弹出的【输出模型】对话框中选择 dae 文件类型，将 skp 模型导出为 Lumion 通用的 dae 格式，如图 12-8 所示。

图 12-8

如今在 Lumion 中可以直接导入 skp、dwg、fbx、max、3ds、obj 等模型文件。

12.1.2　Lumion 8.5 软件界面

Lumion 对于计算机的配置要求是比较高的，特别是对显卡要求更高，下面介绍常用的计算机显卡（GPU）与 CPU 处理器的搭配：

（1）超复杂的场景。如非常详细的城市、机场或体育场，以及非常详细的室内设计、多层内饰等。

技术要点：

> PassMark 是国外的一款专业的计算机硬件评测软件，软件下载地址：http://www.passmark.com/ftp/petst.exe。

✦ 最少 10000 个 PassMark 积分。

✦ 8 GB 及以上显卡内存。

✦ 兼容 DirectX 11。

✦ CPU 应具有尽可能高的速度，理想情况下为 4.2GHz 以上。

示例：NVIDIA GTX 2080 Ti（11 GB 内存）、NVIDIA GTX 1080 Ti（11 GB 内存）。

（2）非常复杂的场景。如大型公园或城市的一部分、多层内部空间。

✦ 至少 8000 个 PassMark 积分。

✦ 6 GB 显卡内存。

✦ 兼容 DirectX 11。

✦ CPU 应具有尽可能高的速度，理想情况下为 4.0GHz 以上。

示例：NVIDIA GTX 1060（6 GB 内存），Quadro K6000。

（3）中等复杂的场景。如中等细节的办公楼。

✦ 至少 6000 个 PassMark 积分。

✦ 4 GB 显卡内存。

✦ 以 4K 分辨率（3840 像素 ×2160 像素）渲染影片需要至少 6GB 的显卡内存。

✦ 兼容 DirectX 11。

（4）简单场景。如小型建筑物 / 内部，细节有限。

✦ 至少 2000 PassMark 积分。

✦ 2 GB 显卡内存。

✦ 以 4K 分辨率（3840 像素 ×2160 像素）渲染影片需要至少 6GB 的显卡内存。

✦ 兼容 DirectX 11。

Lumion 8.5 软件安装成功后，在桌面上双击 图标启动软件，随后进入 Lumion 欢迎界面。鼠标指针放置于界面右下角的问号处，将显示界面功能提示，如图 12-9 所示。

图 12-9

默认的软件语言为英文，可以单击顶部的 English 图标，选择"简体中文"语言，使软件的界面变成全中文显示，便于新手学习与操作，如图 12-10 所示。

图 12-10

Lumion 欢迎界面中有 4 个选项卡：【开始】、【输入范例】、【加载场景】和【保存场景】。通过这 4 个选项卡，可以进入场景中去创建 3D 实时可视化效果。

1.【开始】选项卡

【开始】选项卡中包括两方面的内容：场景文件

和新闻及教程。Lumion 提供了 6 个默认的基础场景配置文件,设计师可以选择合适的场景并进入场景操作,如图 12-11 所示。

图 12-11

如果有网络连接可以在"新闻及教程"中选择在线视频教程来辅助学习。

2.【输入范例】选项卡

【输入范例】选项卡中的每一个范例均包含了模型、材质、灯光等的完整场景,如图 12-12 所示。选取一个范例会进入场景中,借助于完整的模型信息,用户可以对其进行编辑,以熟悉 Lumion 软件的基本操作。

图 12-12

3.【加载场景】选项卡

在【加载场景】选项卡中,用户可以载入已保存的场景文件,也可以将外部场景导入当前场景中进行场景合并,【加载场景】选项卡如图 12-13 所示。

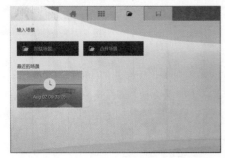

图 12-13

4.【保存场景】选项卡

选择并进入一个基础场景,完成自定义的场景创建后,可以通过在【保存场景】选项卡中输入场景标题、输入场景说明,并单击【另存为】按钮 ,将场景文件保存。【保存场景】选项卡如图 12-14 所示。

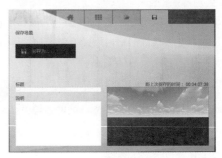

图 12-14

欢迎界面底部的计算机速度测试区域显示的是用户计算机的配置在运行 Lumion 时的运行速度。单击此区域可以对计算机进行性能测试(包括显卡 GPU、CPU 和内存),会弹出如图 12-15 所示的【基准测试结果】对话框,如果计算机显卡性能低,系统会建议更换显卡。

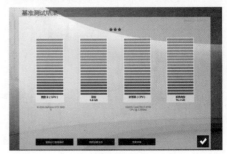

图 12-15

12.2　Lumion 的功能选项卡

在欢迎界面的【开始】选项卡中双击选择一个基础场景进入场景，默认状态下场景处于编辑状态（场景界面右下角的【编辑模式】按钮 是高亮显示的）。Lumion 8.5 的场景编辑界面，如图 12-16 所示。

图 12-16

【功能】选项卡中包括 4 个方面的创建功能：物体、材质、景观和天气。不同的选项卡所显示的控制面板的功能选项有所不同。下面简单介绍这 4 个功能选项卡的基本功能及操作方法。

12.2.1　【物体】选项卡

【物体】选项卡的作用是把 Lumion 模型库中的模型插入场景中。以载入一棵树为例，介绍插入植物的操作方法与步骤。

> ⚡ **技术要点：**
> Lumion 模型库在软件安装后是不完整的，需要重新下载模型库文件。模型库文件包括植物库文件、景观小品文件、人物与动物库文件等。

01 首先单击【物体】选项卡 ，在控制面板中单击【自然】按钮 ，接着再单击【选择物体】图标，如图 12-17 所示。

图 12-17

02 随后弹出【自然库】面板，如图 12-18 所示。在该面板中列出了各种植物类型，包括完整的树木、草丛、花卉、仙人掌、岩石、树丛及叶子等。

图 12-18

03 单击一种植物的图块，随后到场景中放置此植物，植物被包容框完全包容着，如图 12-19 所示。可以连续放置单颗植物，按 Esc 键取消放置。

图 12-19

04 放置植物后可以在【透明度】选项面板和【树属性】面板中设置植物的透明度和植物的颜色属性等，如图 12-20 所示。

图 12-20

05 完成植物的插入操作后，如果不再对此植物进行任何操作，需要在控制面板右侧单击【取消所有选择】按钮，取消植物的选中状态。

06 上述操作是针对植物、景观小品、人、声音及特效等的插入。如果是建筑模型，可以在控制面板中单击【导入】按钮，在弹出的子面板中单击【导入新模型】按钮，通过【打开】对话框导入建筑模型，如图 12-21 所示。

图 12-21

07 插入物体后，可以对物体进行移动、高度调整、调整尺寸和旋转操作。在控制面板中有 4 个物体操作工具用来操作物体的包容框。例如，单击【移动物体】按钮，包容框底部显示一个控制点，如图 12-22 所示。

图 12-22

　　✦ 移动物体：此工具用来在水平面（地面）上向任意方向平移物体。

　　✦ 调整高度：此工具用来在物体高度方向上移动物体。此工具的用法与【移动物体】工具的用法相同。

　　✦ 调整尺寸：此工具可以调整物体的大小，以适应场景。

　　✦ 绕 Y 轴旋转：场景中的 Y 轴是指垂直于地面的绿色轴，此工具的用法与【移动物体】工具的用法相同。

08 当鼠标指针放置于控制点时会显示水平平移方向键，拖动控制点就可以在水平面（地面）上任意平移物体了，如图 12-23 所示。

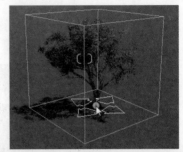
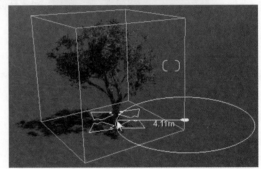

图 12-23

12.2.2 【材质】选项卡

　　【材质】选项卡主要用来对导入的建筑模型应用材质，或者对建筑模型上已有的材质进行编辑。单击【材质】选项卡图标，在建筑物上选取一个面会弹出【材质】面板，如图 12-24 所示。

　　通过【材质】面板，可以从材质库中载入新材质并赋予所选的面，如图 12-25 所示。材质添加完成后需要在界面右下角单击【保存】按钮，保存材质的应用效果。

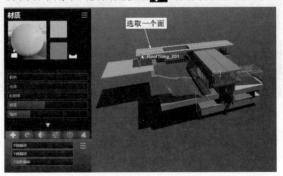

图 12-24

图 12-25

行修改。单击【景观】选项卡图标 ▲，控制面板中显示景观编辑选项，如图 12-26 所示。控制面板左侧为景观编辑选项，右侧为某个编辑选项的扩展面板。

2.【天气】选项卡

【天气】选项卡用于设置真实环境中的时间、太阳及云朵。单击【景观】选项卡图标 ☀，弹出天气编辑选项的控制面板，如图 12-27 所示。

图 12-26

图 12-27

12.2.3　【景观】选项卡与【天气】选项卡

1.【景观】选项卡

通过【景观】选项卡可对原始场景中的地形地貌进

12.3　Lumion 建筑可视化案例——别墅可视化

本节将以 SketchUp 中创建的别墅模型作为可视化范例的源模型，并从两个方面为大家介绍 Lumion 8.5 的场景可视化操作及渲染流程。第一个方面的操作包括场地的创建、材质的更换、植物模型的插入以及其他设施设备的插入等；第二个方面主要介绍室内的装饰设计与场景渲染，包括室内硬装及软装的材质添加、场景灯光的创建等。

在 SketchUp 中的别墅模型，如图 12-28 所示。

图 12-28

Lumion 场景完成效果图如图 12-29 所示。

图 12-29

12.3.1 基本场景创建

01 启动 Lumion 8.5 软件，在欢迎界面的【开始】选项卡中选择 Plain（平原）场景类型，并自动进入场景中（进入场景编辑模式），如图 12-30 所示。

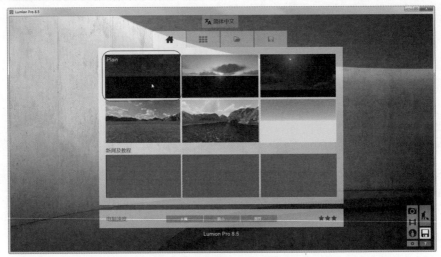

图 12-30

02 在【物体】选项卡下的控制面板中单击【导入】按钮，再在子面板中单击【导入新模型】按钮，从本例源文件夹中导入"别墅模型 .dae"文件，如图 12-31 所示。

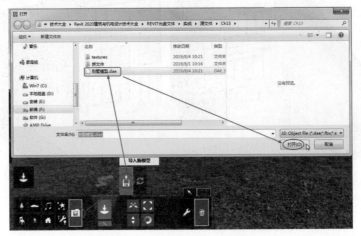

图 12-31

03 将模型放置于场景中的任意位置，如图 12-32 所示。从放置结果来看，建筑的地下一层在地面以下，需要手动调整模型的高度，使地下一层与场景中的地面重合。

图 12-32

04 在控制面板中单击【调整高度】按钮 ⬍，将鼠标指针放置于模型中的控制点上，然后往上拖动控制点来平移模型，如图 12-33 所示。

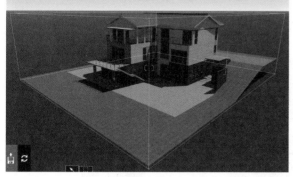

图 12-33

05 可以看到导入的模型中，原始的 SketchUp 材质全部转移到 Lumion 中。可以根据需要改变建筑模型的外观材质。单击【材质】选项卡按钮 🔄，然后选取地下一层中在室外铺设的地砖，如图 12-34 所示。

06 在随后打开的【材质库】面板的【室外】选项卡中选择【石头】类型，并在下方的列表中选择一种石材来替换原先的地砖材质，如图 12-35 所示。

图 12-34

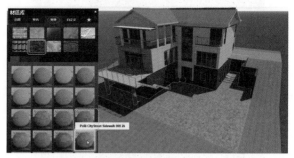

图 12-35

07 同理，可以替换其他组件的材质，如外墙、围墙、草坪、屋顶等，替换材质的效果如图 12-36 所示。

图 12-36

08 材质修改后，向场景中插入物体对象，如人物、景观小品、交通工具等（前面在介绍【物体】选项卡时已经介绍了物体的插入方法，这里直接跳过这些步骤），如图 12-37 所示。

图 12-37

12.3.2　创建地形并渲染场景

01　单击【景观】选项卡按钮 ▲，并在控制面板中单击【高度】按钮 ▲ 和【提升高度】按钮 ▲，创建起伏地形，如图 12-38 所示。

图 12-38

02　通过单击【降低高度】按钮和【平整】按钮 ▲ 调整地形高度，使创建的地形匹配原始模型的地形，如图 12-39 所示。

图 12-39

03　依次插入植物和花卉，结果如图 12-40 所示。

图 12-40

04　调整好视图角度，在界面右下角单击【拍照模式】按钮 ◙，进入拍照模式。单击【保存相机视口】按钮 ◙，可为当前视图拍摄照片，如图 12-41 所示。

> **技术要点：**
> 关于视图角度的控制，可以将鼠标指针放置于软件界面右下角的 ❓ 图标上，会弹出操作提示。

图 12-41

05　单击【渲染照片】按钮 ▣，弹出保存相片的设置页面。可将照片按照"邮件""桌面""印刷"和"海报"4 种照片分辨率进行保存，分辨率越低，渲染的时间越短，反之就越长。这里选择"邮件"形式进行保存，如图 12-42 所示。

图 12-42

06 自动渲染图像并将图片文件保存在系统路径中。同理，可以拍摄多种视角的照片。场景渲染的效果，如图12-43所示。

图 12-43

本章将介绍 SketchUp 在住宅规划设计中的应用方法，以两种不同的方式创建不同的住宅楼为例进行讲解，一种是以 CAD 图纸为基础创建住宅小区规划模型，另一种是自由创建单体住宅楼。

13.1　二居室室内装饰设计案例

源文件：\Ch13\ 室内平面设计图 2.dwg 及相应组件
结果文件：\Ch13\ 室内设计案例 .skp
视频：\Ch13\ 室内装饰设计 .wmv

本例以一张 AutoCAD 室内平面图纸为基础，学习如何将一张室内平面图迅速创建为一张室内模型效果图。

该室内户型属于两室两厅的小户型，建筑面积为 72.3 ㎡，使用面积为 53.5 ㎡。整个室内空间包括主卧、次卧、客厅、阳台、卫生间、厨房 6 个部分，其中客厅与餐厅相通，所以在设计过程中要尽量利用空间进行模型创建。

此次室内设计风格以简约温馨、现代时尚为主，非常适合现代都市白领人群居住。整个空间以绿色为主色调，为客厅制作了简单的装饰墙和装饰柜，室内各个房间采用不同的壁纸和瓷砖材质进行填充，还导入了一些室内家具及装饰组件为其添加不同的效果，最后进行了室内渲染和后期处理，使室内效果更加完美。如图 13-1~ 图 13-3 所示为室内建模效果，如图 13-4~ 图 13-6 所示为渲染后期效果，操作流程如下。

（1）在 AutoCAD 软件中整理平面图纸。

（2）导入图纸。

（3）创建模型。

（4）填充材质。

（5）导入组件。

（6）添加场景。

（7）导出图像。

（8）后期处理。

（9）室内渲染。

图 13-1

图 13-2

图 13-3

图 13-4

图 13-5

图 13-6

13.1.1　方案实施

首先在 AutoCAD 中对图纸进行清理，并将其导入 SketchUp 中进行描边封面。

1. 整理 AutoCAD 图纸

AutoCAD 平面设计图纸中含有大量的文字、图层、线和图块等信息，如果直接导入 SketchUp，会增加建模的复杂性，所以一般先在 AutoCAD 软件中进行处理，将多余的线删除，使设计图纸简单化，如图 13-7 所示为室内平面原图，如图 13-8 所示为简化图。

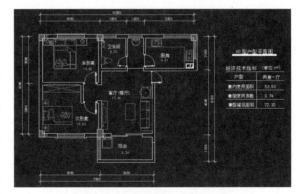

图 13-7

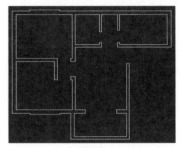

图 13-8

01 在 AutoCAD 命令栏中输入 PU，按 Enter 键结束操作，在弹出的【清理】对话框中对简化后的图纸进行进一步清理，如图 13-9 所示。

图 13-9

02 单击【全部清理】按钮，弹出如图 13-10 所示的【清理 -确认清理】对话框，选择【清除所有项目】选项，直到【全部清理】按钮变成灰色状态，即完成清理图纸的操作，如图 13-11 所示。

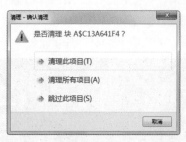

图 13-10

图 13-11

03 在 SketchUp 中先优化一下场景，选择【窗口】|【模型信息】命令，弹出【模型信息】对话框，参数设置如图 13-12 所示。

图 13-12

2. 导入图纸

01 将 AutoCAD 图纸导入 SketchUp，并以线条显示。

02 选择【文件】|【导入】命令，弹出【打开】对话框，将文件类型设置为【AutoCAD 文件（*.dwg、*.dxf）】格式，选择"室内设计平面图 2.dwg"文件，如图 13-13 所示。

图 13-13

03 单击【选项】按钮，在弹出的【导入 AutoCAD DWG/DXF 选项】对话框中将【单位】改为【毫米】，单击【确定】按钮，最后单击【打开】按钮，即可导入 AutoCAD 图纸，如图 13-14 所示。

图 13-14

04 如图 13-15 所示为【导入结果】对话框。

图 13-15

05 单击【关闭】按钮，导入 SketchUp 中的 AutoCAD 图纸是以线框显示的，如图 13-16 所示。

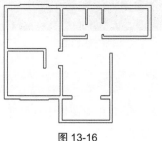

图 13-16

13.1.2　建模流程

　　参照图纸创建模型，首先创建室内空间、绘制客厅装饰墙、制作阳台，然后再赋予材质、导入组件、添加场景页面。

1. 创建室内空间

　　将导入的图纸线条创建封闭面，快速建立空间模型。

01 使用【直线】工具 🖊，将断掉的线条重新连接，使其形成一个封闭面，如图 13-17 和图 13-18 所示。

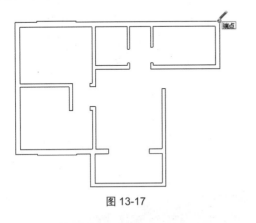

图 13-17

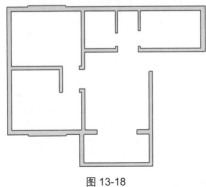

图 13-18

02 使用【推/拉】工具 ♦ 向上推 3200mm，形成一个室内空间，如图 13-19 所示。

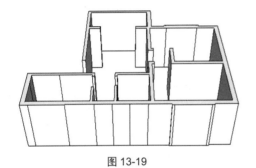

图 13-19

03 使用【擦除】工具 ◪ 将多余的线条删除，如图 13-20 所示。

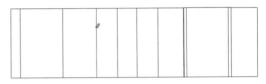

图 13-20

04 使用【矩形】工具 ▧ 将室内地面封闭，如图 13-21 和图 13-22 所示。

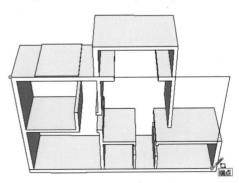

图 13-21

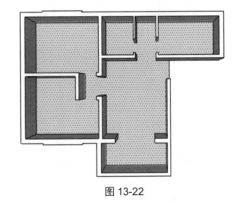

图 13-22

2. 绘制装饰墙

　　在客厅背景墙处绘制一个简单的装饰墙，使客厅装饰更加丰富多彩。

01 使用【矩形】工具 ▧ 在墙面上绘制一个矩形，如图 13-23 和图 13-24 所示。

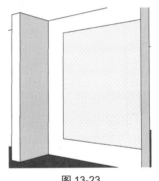

图 13-23

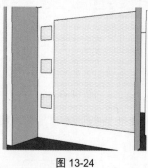

图 13-24

02 使用【推 / 拉】工具 ⬆ 将矩形面分别向内推 50mm 和 100mm，如图 13-25 所示。

图 13-25

03 使用【直线】工具 ✏，绘制如图 13-26 所示的面。

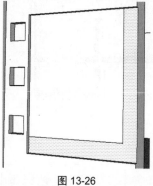

图 13-26

04 使用【偏移】工具 ⑦ 向内偏移复制面，如图 13-27 所示。

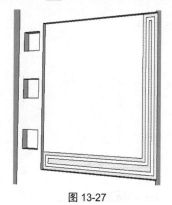

图 13-27

05 使用【推 / 拉】工具 ⬆ 分别向内和向外推拉，如图 13-28 所示。

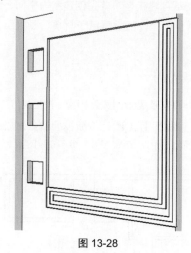

图 13-28

06 使用【直线】工具 ✏ 分割一个面，如图 13-29 所示。

图 13-29

07 使用【推 / 拉】工具 ⬆ 向外推拉 500mm，如图 13-30 所示。

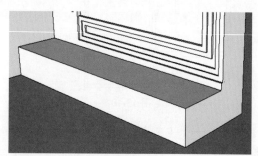

图 13-30

08 使用【直线】工具 ✏，沿中心点绘制面，如图 13-31 和图 13-32 所示。

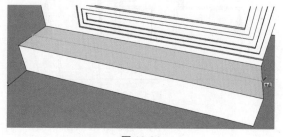

图 13-31

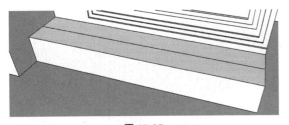

图 13-32

09 使用【推 / 拉】工具 ⬇ 向下推拉一定距离，如图 13-33 所示。

图 13-33

10 使用【矩形】工具 ▱ 绘制 3 个矩形面，如图 13-34 所示。

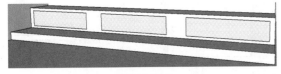

图 13-34

11 使用【圆形】工具 ⬤ 在矩形面上绘制几个圆形，如图 13-35 所示。

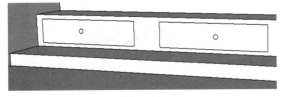

图 13-35

12 使用【推 / 拉】工具 ⬆ 分别将矩形面和圆面向外推拉，形成一个抽屉的效果，如图 13-36 所示。

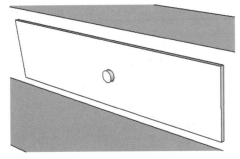

图 13-36

13 装饰墙的效果如图 13-37 所示。

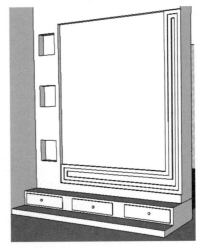

图 13-37

3. 绘制阳台

单独推拉出阳台效果，并利用建筑插件快速创建阳台栏杆。

01 使用【直线】工具 ✏ 绘制直线分割面，如图 13-38 所示。

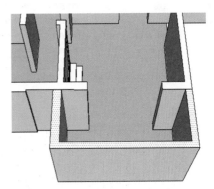

图 13-38

02 使用【推 / 拉】工具 ⬆ 向下推拉一定距离，如图 13-39 所示。

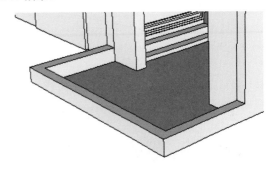

图 13-39

03 开启 SuAPP 3.4 插件面板，如图 13-40 所示。选中阳台的一条边线，如图 13-41 所示。

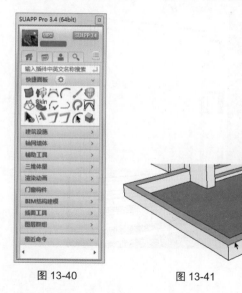

图 13-40　　　　　　　图 13-41

04 在【建筑设施】插件组中单击【线转栏杆】按钮▥，设置【参数设置】对话框中的参数，创建阳台栏杆，如图 13-42 和图 13-43 所示。

图 13-42

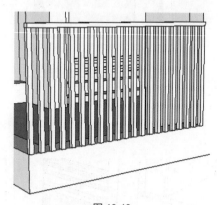

图 13-43

05 依次选中其他边线并创建阳台栏杆，如图 13-44 所示。

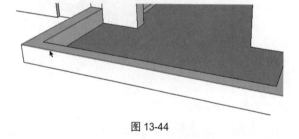

图 13-44

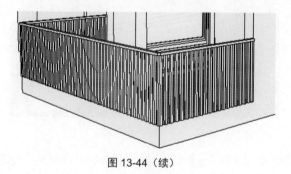

图 13-44（续）

4.填充材质

根据不同的场景赋予适合的材质，如客厅采用地砖材质，墙面采用壁纸材质，厨房和卫生间采用一般的地拼砖材质，卧室采用木地板材质。

01 为了方便对每个房间赋予材质，使用【直线】工具，按房间区域分割地面，如图 13-45 所示。

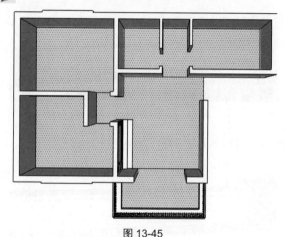

图 13-45

02 在【材质】面板中选择地砖材质（SketchUp 材质"地拼砖"类型中的 Floor Tile（23）赋予客厅，可适当在【编辑】选项卡中调整材质尺寸，如图 13-46 和图 13-47 所示。

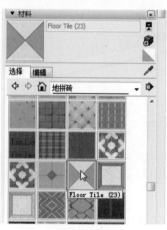

图 13-46

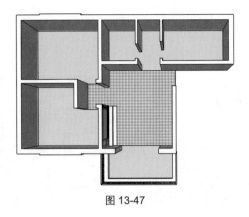

图 13-47

03 为阳台赋予适合的材质，如图 13-48 和图 13-49 所示。

图 13-48

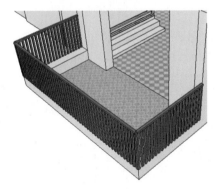

图 13-49

04 为卫生间和厨房赋予适合的材质，如图 13-50 和图 13-51 所示。

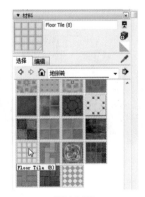

图 13-50

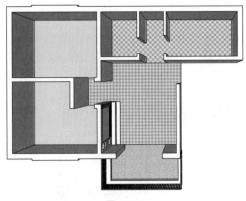

图 13-51

05 为卧室赋予木地板材质，如图 13-52 和图 13-53 所示。

图 13-52

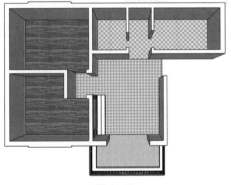

图 13-53

06 为客厅装饰墙赋予适合的材质，如图 13-54 所示。

图 13-54

07 依次为室内其他房间赋予材质，效果如图 13-55 所示。

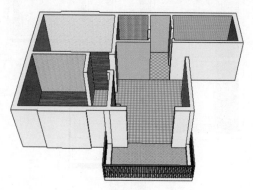

图 13-55

5. 导入组件

导入室内组件，可以让室内空间的内容更丰富，这是建模中很重要的部分。

01 单独启动 SketchUp 软件，将本例源文件中的"电视"组件模型打开，如图 13-56 所示。

图 13-56

02 在新的软件窗口中按 Ctrl+C 组合键复制电视与音箱模型，然后切换到本例室内模型的软件窗口中粘贴，将粘贴的电视和音箱组件摆放到合适位置，如图 13-57 所示。

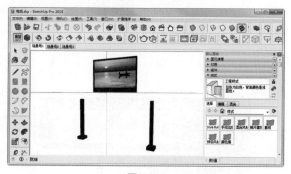

图 13-57

03 同理，在新软件窗口中打开"装饰品"组件模型，然后复制并粘贴到室内模型的软件窗口中并进行摆设，如图 13-58 和图 13-59 所示。

图 13-58

图 13-59

04 复制并粘贴沙发和茶几组件，将其摆放在客厅内，如图 13-60 所示。

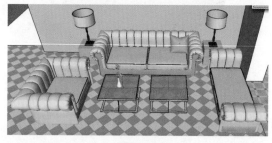

图 13-60

05 复制并粘贴餐桌组件，如图 13-61 所示。

图 13-61

06 为阳台添加推拉玻璃门，并将上方的墙封闭，如图 13-62 所示。

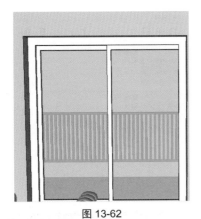

图 13-62

07 复制并粘贴窗帘组件，如图 13-63 所示。

图 13-63

08 复制并粘贴装饰画组件，如图 13-64 和图 13-65 所示。

图 13-64

图 13-65

09 使用【矩形】工具 ▨，为室内空间封闭顶面，如图 13-66 和图 13-67 所示。

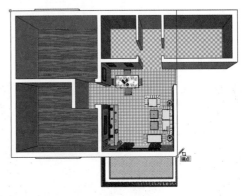

图 13-66

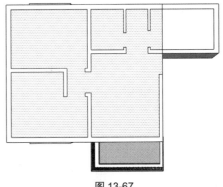

图 13-67

10 最后为客厅和餐厅复制并粘贴吊灯和射灯组件，如图 13-68 和图 13-69 所示。

图 13-68

图 13-69

13.1.3 添加场景

这里为客厅和餐厅创建 3 个室内场景，方便浏览室内空间。

01 选择【相机】|【两点透视】命令，设置两点透视效果，调整好视图角度和相机位置，如图 13-70 所示。

图 13-70

02 在【场景】面板中单击【添加场景】按钮⊕，创建场景号 1，如图 13-71 所示。

图 13-71

03 单击【添加场景】按钮⊕，创建场景号 2，如图 13-72 和图 13-73 所示。

图 13-72

图 13-73

04 单击【添加场景】按钮⊕，创建场景号 3，如图 13-74 和图 13-75 所示。

图 13-74

图 13-75

13.2 别墅建筑设计案例

源文件：\Ch13\ 现代别墅 \ 现代别墅平面图 – 原图 .dwg
结果文件：\Ch13\ 现代别墅 \ 现代别墅设计 .skp
视频：\Ch13\ 现代别墅设计方案 .wmv

本节以建立一个现代别墅住宅为例进行介绍。整个别墅包括 4 个面和 1 个屋顶，别墅以栏杆作为外围，地面以混泥砖铺路，室外配有休闲椅和喷水池。另外，后期制作中将添加不同的植物，让整个环境看上去非常惬意，让住户在繁忙的工作之余享受这一美景。如图 13-76 所示为场地布局效果图，如图 13-77 所示为别墅建筑建模效果图。操作流程如下。

（1）整理 AutoCAD 图纸。

（2）在 SketchUp 中导入 AutoCAD 图纸。

（3）调整图纸。

（4）创建立面模型。

（5）创建屋顶。

（6）填充材质。

（7）导入组件。

（8）添加场景组件。

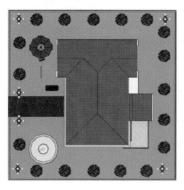

图 13-76

图 13-77

13.2.1　整理 AutoCAD 图纸

AutoCAD 设计图纸中含有大量的文字、图层、线、图块等信息，如果直接导入 SketchUp 会增加建模的复杂性，所以一般先在 AutoCAD 软件中进行处理，将多余的线删除，使设计图纸简单化。如图 13-78 所示为原图，如图 13-79 所示为简化图。

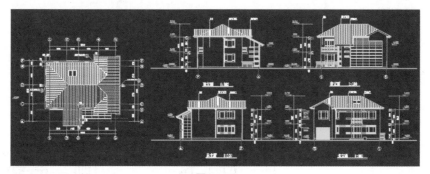

图 13-78

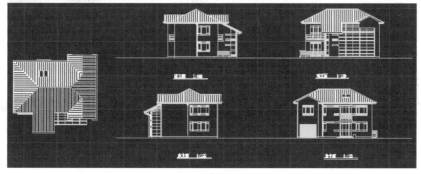

图 13-79

1. 在 AutoCAD 中整理图纸

01 启动 AutoCAD 2018 软件并打开"现代别墅平面图 -
原图 .dwg"图纸文件。

02 在命令行中输入 PU，按 Enter 键确认，对简化后的
图纸进行进一步清理，如图 13-80 所示。

图 13-80

03 选择【窗口】|【模型信息】命令，弹出【模型信息】
对话框，设置模型单位，如图 13-81 所示。

图 13-81

2. 导入图纸

这里先导入东、南、西、北 4 幅立面图纸，并创建
封闭面。

01 选择【文件】|【导入】命令，弹出【打开】对话框，
导入 AutoCAD 图纸。

02 单击【选项】按钮，在弹出的【导入 AutoCAD
DWG/DXF 选项】对话框中设置【单位】为【毫米】，
单击【确定】按钮，最后单击【打开】按钮，即可导入
CAD 图纸，如图 13-82 和图 13-83 所示。

图 13-82

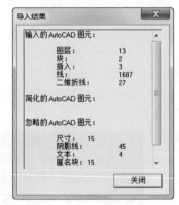

图 13-83

03 导入 SketchUp 中的 CAD 图纸是以线框显示的，如图 13-84 所示。

图 13-84

04 右击导入的 CAD 线框，在弹出的快捷菜单中执行【炸开模型】命令，将 CAD 线框全部炸开，如图 13-85 所示。

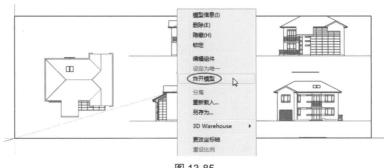

图 13-85

05 将多余的线删除，如图 13-86 所示。重新将各个立面图分别创建为组件或群组，以便于绘制封面曲线。

图 13-86

06 使用【直线】工具 ✎ 沿着 CAD 图纸中多个立面图的外形轮廓线绘制封闭曲线并生成面（注意，阳台轮廓不用绘制），如图 13-87 所示。

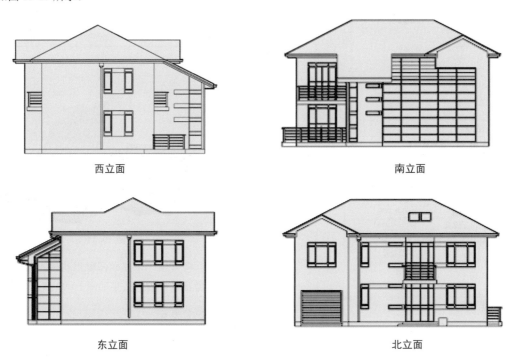

西立面　　　　　　　　　　　　　　　南立面

东立面　　　　　　　　　　　　　　　北立面

图 13-87

07 将各个立面图组件与其所属的封闭面分别创建成群组，便于后期的建模操作。

3.调整图纸

利用旋转工具调整 4 个立面图群组的角度，使它们能围合起来，可以利用视图工具来查看调整的方位是否正确对齐。

01 在【图层】面板中单击【添加图层】按钮 ⊕ 创建 5 个图层，并重命名，如图 13-88 所示。

图 13-88

02 框选一个立面图群组并右击，在弹出的快捷菜单中选择【模型信息】命令，在【图元信息】面板中选择相应的图层，如图 13-89 所示。同理，将其余 4 个视图群组也添加到各自图层中，最后将原有的 CAD 图层全部删除。

图 13-89

> **技术要点：**
> 创建图层主要是为了方便划分 5 个图层，进行显示或者隐藏的操作，而各个图层之间互不影响。

03 单击【视图】工具栏中的【俯视图】按钮 切换到俯视图。首先将 4 个立面图群组移动、旋转到坐标轴的四周，如图 13-90 所示。

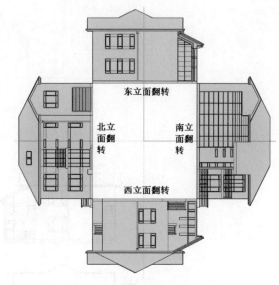

图 13-90

04 选中东立面群组并切换到右视图，使用【旋转】工具 将东立面群组以红色轴为参照旋转 90°，如图 13-91 所示。同理，对其他立面群组也进行相同的旋转。

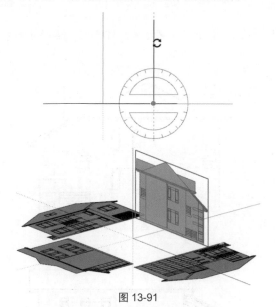

图 13-91

05 同理，将其余 3 个立面图群组也进行旋转，最后再调整 4 个立面的位置，效果如图 13-92 所示。

> **技术要点：**
> 在调整各立面的位置时，应按轴的方向进行旋转，并且可以利用不同的视角观看，保证图纸对齐。图纸对齐才能确保建立的模型准确。

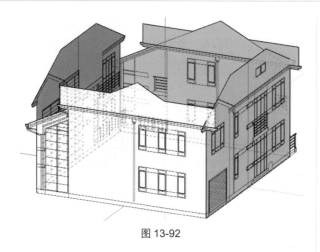

图 13-92

06 使用【矩形】按钮 ▨ 在建筑底面绘制封闭曲线并生成面，如图 13-93 所示。

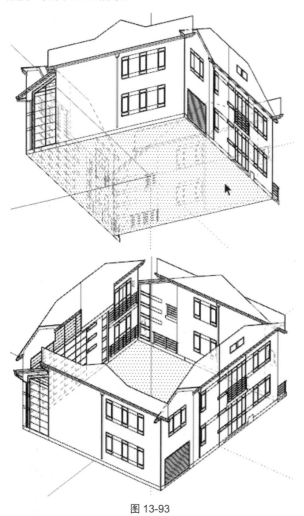

图 13-93

07 参照西立面图，分别将北立面群组和南立面群组移动到西立面图群组中的墙边线内 200mm 的位置，如图 13-94 所示。

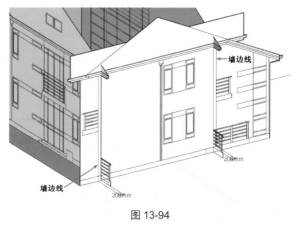

图 13-94

13.2.2　房屋建模设计流程

1. 创建立面模型

操作 4 个立面，依次创建楼梯、窗户、门和栏杆等组件，并赋予相应的材质。

（1）创建北立面。

01 双击北立面群组使其进入编辑状态。首先使用【矩形】工具 ▨ 绘制出门与窗的边框，以此切割出门窗洞，如图 13-95 所示。

图 13-95

02 按 Ctrl 键选中封闭面和立面图中的某一条线（会自动选择整个立面图中的所有线），右击，在弹出的快捷菜单中执行【交错平面】|【模型交错】命令，将前面绘制的立面图外形轮廓封闭面拆分（按立面图中的线条进行拆分），效果如图 13-96 所示。

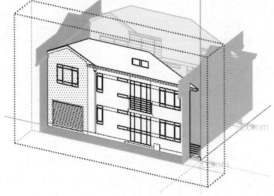

图 13-96

03 使用【推／拉】工具 ▲ 选取右侧除门、窗的墙面，向外拉出 200mm 生成北立面的墙体，如图 13-97 所示。

图 13-97

04 将立面图群组炸开。使用【移动】工具 ✤，将立面图和左侧的墙面向外平移 1225mm 如图 13-98 所示。

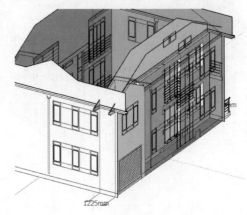

图 13-98

05 使用【矩形】工具 ▣ 在左侧墙面绘制门、矩形窗洞，如图 13-99 所示。

图 13-99

06 使用【推／拉】工具 ▲ 将左侧墙面向外拉出 200mm 的墙体（暂时填充颜色给墙体面，便于观察），如图 13-100 所示。

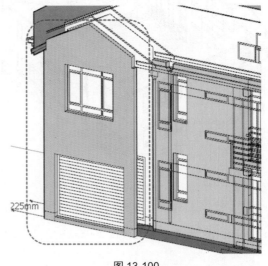

图 13-100

07 使用【矩形】工具 ▨ 绘制矩形面，用来修补左墙面与右墙面之间形成的空洞，最后为其推拉出墙体，如图 13-101 所示。

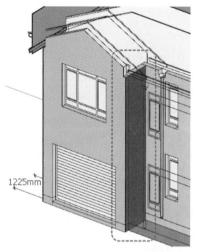

图 13-101

08 在左侧墙体中使用【推／拉】工具 ◆ 选择窗框面，拉出长度为 100mm 的窗框，如图 13-102 所示。再拉出 20mm 的窗户玻璃厚度，如图 13-103 所示。

💡 **技术要点：**
　　如果有些面没有被立面图中的线条完全拆分，可以选中这些面继续右击执行快捷菜单中的【交错平面】|【模型交错】命令，直至完全拆分。

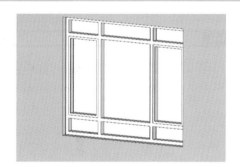

图 13-102

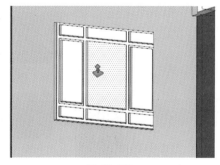

图 13-103

09 在【材质】面板中选择【SketchUp 材质】材质库选项，再在【玻璃】材质文件夹中选择 Galss（117）材质赋予玻璃对象，如图 13-104 所示。

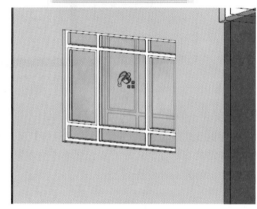

图 13-104

10 执行【文件】|【3D Warehouse】|【获取模型】命令，从 3D Warehouse 模型库中搜索并下载"卷帘门 .skp"组件，将其放置于左侧墙体中，如图 13-105 所示。

图 13-105

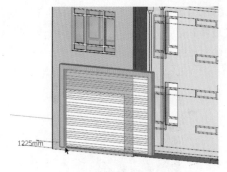

图 13-105（续）

11 选择【缩放】工具 ，将卷帘门组件缩小到与北立面图中的卷帘门相等，如图 13-106 所示。删除复制的北立面图。

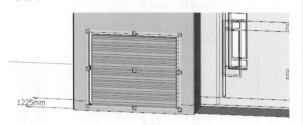

图 13-106

12 继续操作右侧墙体中的门窗及阳台等组件，将左侧墙体中的窗框及玻璃创建成群组。使用【移动】工具 ，按住 Ctrl 键将窗组件平移复制到右侧墙体中相同窗规格的窗洞中，如图 13-107 所示。

图 13-107

13 同理，在右侧墙体中创建两个小窗户，如图 13-108 所示。

图 13-108

14 选取拆分出来的台阶面，先后拉出一、二层台阶，一、二层台阶的推拉长度分别为 700mm、350mm，如图 13-109 所示。

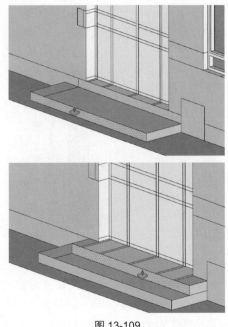

图 13-109

15 创建大门和阳台门。删除一楼大门和二楼阳台门的面。从 3D Warehouse 模型库中搜索并下载"门"组件，将其放置于一楼大门的位置，并利用【缩放】工具 缩放到合适大小，如图 13-110 所示。

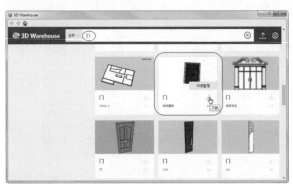

图 13-110

16 同理，从 3D Warehouse 模型库中下载另一个"门"组件（推拉门），并将其放置于阳台门的位置，利用【缩放】工具 缩放到合适大小，如图 13-111 所示。

图 13-111

17 使用【推/拉】工具 推拉出阳台（1053mm），如图 13-112 所示。

图 13-112

18 将墙体、阳台及台阶上的多余线条删除，消除曲面分割。栏杆的创建可以使用坯子插件库的"栏杆和楼梯 -汉化 -1.0"插件，此插件安装后会弹出【栏杆 & 楼梯】工具栏。

技术要点：
可到坯子库（http://www.piziku.com/）网站中免费下载插件管理器，安装成功后启动 SketchUp，然后在插件管理器中搜索插件，即可安装到 SketchUp 中。

19 利用【直线】工具 在阳台上绘制如图 13-113 所示的 3 条直线，这 3 条直线将会作为栏杆路径使用。

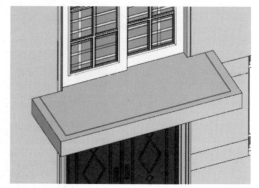

图 13-113

20 选中 3 条直线，再单击【栏杆 & 楼梯】工具栏中的【竖档栏杆 3】工具 ，在弹出的【输入】对话框中输入【高度】值为 900mm，单击【好】按钮自动创建栏杆，如图 13-114 所示。

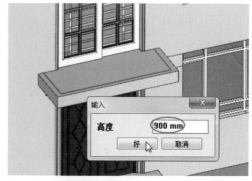

图 13-114

21 最后使用【推/拉】工具 拉出排水管道（拉出长度为 300mm）、人字形屋顶和屋檐（拉出长度以东立面图为准），如图 13-115 所示。

22 在西立面图中绘制几个矩形作为屋檐轮廓，然后使用【推/拉】工具 推拉出右侧墙体顶部的屋檐，如图 13-116 所示。

图 13-115

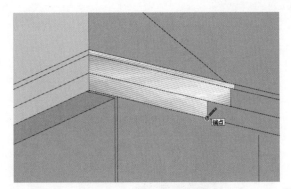

图 13-116

23 至此，创建完成北立面，效果如图 13-117 所示。

图 13-117

（2）创建西立面墙体及窗。

01 西立面的墙体及窗组件并不多，可以删除原有的外形轮廓封闭面，再利用【矩形】工具 ▨ 重新绘制墙体轮廓，如图 13-118 所示。

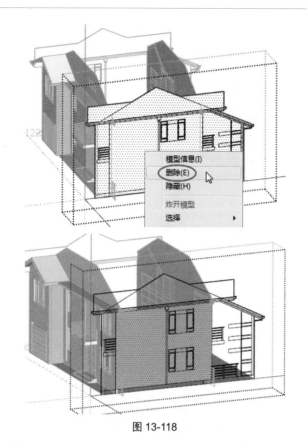

图 13-118

02 按 Ctrl 键选中重新绘制的轮廓面和西立面图，右击并执行快捷菜单中的【交错平面】|【模型交错】命令，将窗和排水管道从轮廓面中拆分出来，如图 13-119 所示。

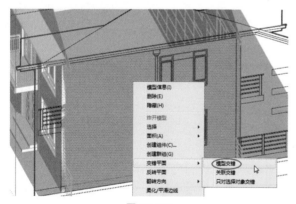

图 13-119

03 将西立面群组整体向东立面方向平移 200mm，如图 13-120 所示。

04 双击西立面群组使其进入编辑状态，利用【推 / 拉】工具 向外拉出 200mm 的墙体，如图 13-121 所示。

05 同理，采用与北立面群组中的排水管道、窗框及玻璃相同的方法，拉出排水管道、窗框及玻璃，并赋予相同的玻璃材质给玻璃，如图 13-122 所示。

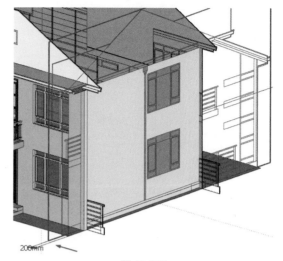

图 13-120

图 13-121

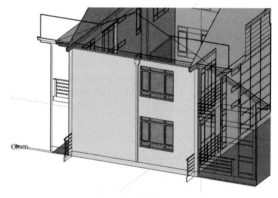

图 13-122

（3）创建南立面。

南立面的中间有凸出的结构，需要使用西立面图。南立面的墙体建模有些复杂，因层次结构不同，需要分 5 步完成：创建右侧主墙、创建左侧主墙、创建门窗、创建中间凸出结构、创建阳台及栏杆。

01 创建右侧主墙。平移复制南立面群组到距离右侧墙面（参考东立面图）200mm 的位置，如图 13-123 所示。

图 13-123

02 使用【推/拉】工具 ◆ 将北立面群组中的人字形屋顶及屋檐推拉到南立面中，如图 13-124 所示。

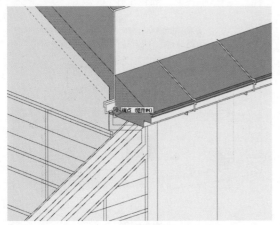

图 13-124

03 补齐人字形屋顶的屋檐，由于此处操作步骤较多，建议参考本例视频来操作，补齐的屋檐效果如图 13-125 所示。

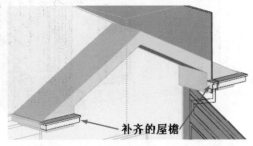

补齐的屋檐

图 13-125

技术要点：

人字形屋檐的右侧可参考东立面图来创建，至于人字形屋檐的左侧部分修补，需要复制右侧屋檐的截面到左侧，再进行拖拉即可。

04 右侧墙体并不多，可以重新绘制墙面（在激活南立面群组的情况下），如图 13-126 所示。

绘制的墙面

图 13-126

05 使用【推/拉】工具 ◆ 拉出长度为 200mm 的墙体，如图 13-127 所示。

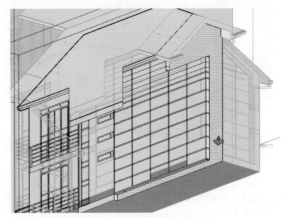

图 13-127

06 右侧墙体中的玻璃幕墙也需要重新绘制封闭面，在不激活南立面图群组的情况下，绘制的封闭面如图 13-128 所示。

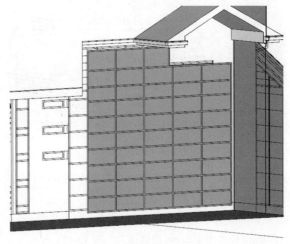

图 13-128

07 使用【推/拉】工具 ◆ 先拉出 100mm 的幕墙窗框，然后选择框架内的面拉出 20mm，再赋予玻璃材质，如图 13-129 所示。

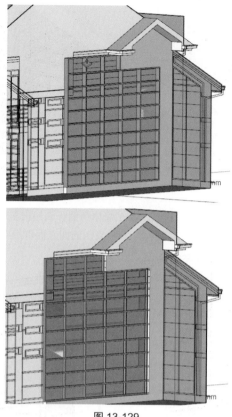

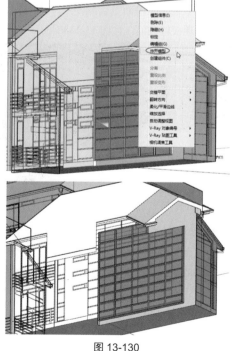

图 13-129

08 将右侧墙体所包含的南立面群组（是复制的这个群组）炸开，并删除南立面图，仅保留墙体和幕墙即可，如图 13-130 所示。

图 13-130

09 创建中间凸出的墙体与窗。参考南立面图，将西立面群组复制到新位置，如图 13-131 所示。

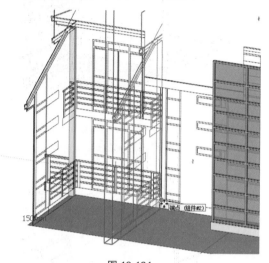

图 13-131

10 可以暂时隐藏东立面群组和西立面群组，然后在辅助的东立面群组中（不激活群组编辑状态的情况下）绘制凸出墙体及斜屋顶、屋檐的封闭轮廓面，如图 13-132 所示。

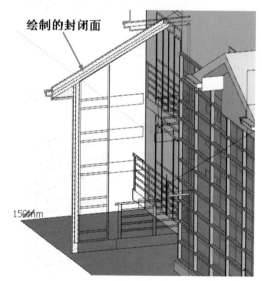

绘制的封闭面

图 13-132

11 绘制侧面墙的封闭面，如图 13-133 所示。利用【推 / 拉】工具 拉出 200mm 的侧面墙，如图 13-134 所示。

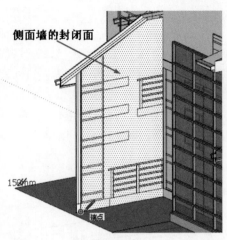

图 13-133

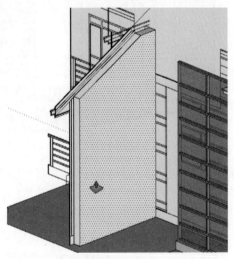

图 13-134

12 再使用【推 / 拉】工具 ⚓ 参考南立面图拉出南立面墙体及屋顶、屋檐等，如图 13-135 所示。

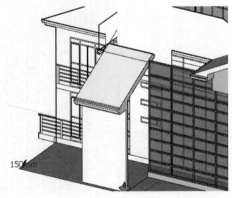

图 13-135

13 在拉出的墙体横截面上绘制直线，将封闭面分割，以此可以拉出屋顶及屋檐，如图 13-136 所示。同理，在另一侧的横截面上也绘制直线进行面分割。

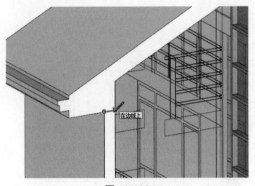

图 13-136

14 使用【推 / 拉】工具 ⚓ 在墙体两侧分别拉出斜屋顶与屋檐，如图 13-137 所示。删除复制的西立面群组对象。

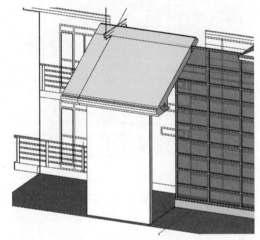

图 13-137

15 在西立面群组的外墙面上绘制矩形，作为一楼阳台及凸出结构的地板横截面，如图 13-138 所示。

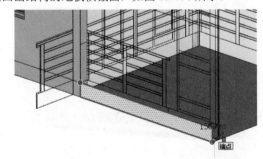

图 13-138

16 利用【推 / 拉】工具 ⚓ 选取地板横截面往东立面方向拉出地板，拉至与幕墙地板相接即可，如图 13-139 所示。

17 凸出结构的另一侧（东侧）墙体不是一般墙体，而是幕墙。做法与南立面幕墙的做法是完全一致的，做出的幕墙效果如图 13-140 所示。

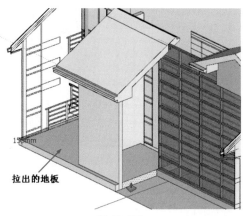

图 13-139

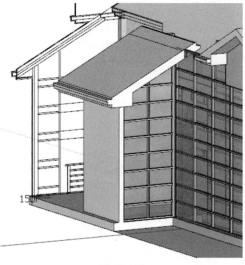

图 13-140

18 同理，在凸出建筑的南立面也创建出幕墙，如图 13-141 所示。参考南立面图，通过【推 / 拉】工具补齐右侧幕墙上的屋檐，如图 13-142 所示。

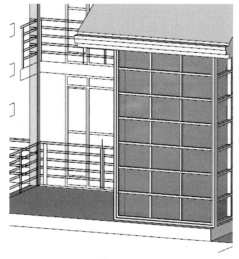

图 13-141

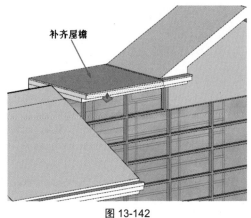

图 13-142

19 参考西立面图绘制封闭面，并补齐左侧阳台门顶部的屋檐，如图 13-143 所示。

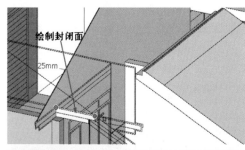

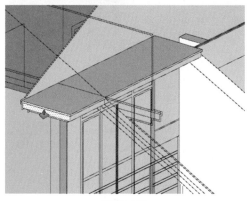

图 13-143

20 把西立面群组中的屋檐部分补齐，方法与上一步相同，效果如图 13-144 所示。

图 13-144

21 利用【推/拉】工具 ⬆ 将一楼阳台（一楼阳台也称"露台"）地板向西立面方向拉出，拉出长度需要参考南立面图，如图 13-145 所示。

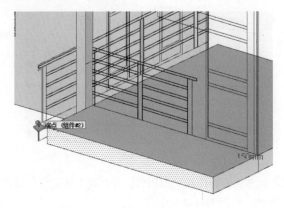

图 13-145

22 绘制二楼阳台截面，利用【推/拉】工具 ⬆ 拉出二楼阳台，如图 13-146 所示。

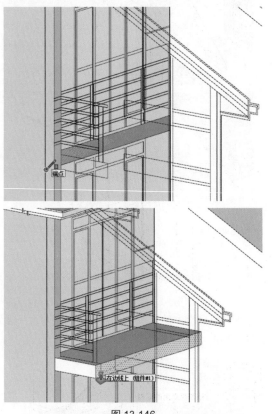

图 13-146

23 创建南立面左侧的墙体。首先绘制封闭面（留出门洞），然后拉出 200mm 的墙体，如图 13-147 所示。

24 将北立面群组中的二楼阳台门复制到南立面群组中，使用【缩放】工具 🔲 调整门的大小，完成效果如图 13-148 所示。

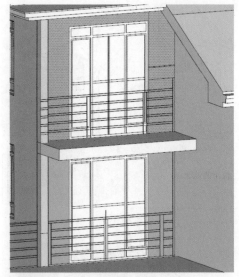

图 13-147

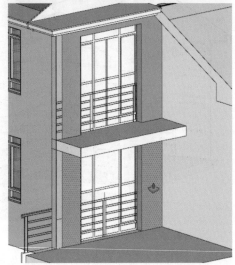

图 13-148

25 一楼和二楼的阳台栏杆创建的方法与北立面的阳台栏杆完全相同，先绘制栏杆路径直线（距离阳台边100mm），如图 13-149 所示。

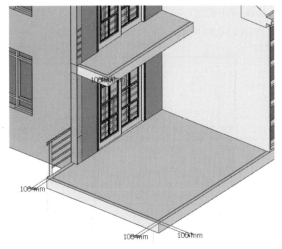

图 13-149

26 选取两层中的栏杆路径直线，利用坯子插件库中的【栏杆和楼梯-汉化-1.0】插件创建高为 900mm 的栏杆，如图 13-150 所示。

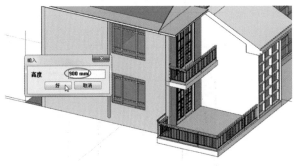

图 13-150

（4）创建东立面

01 将东立面群组向西立面群组方向平移 200mm。

02 双击东立面群组进入编辑状态。按 Ctrl 键选取封闭面和东立面图，右击执行快捷菜单中的【交错平面】|【模型交错】命令，将封闭面拆分，如图 13-151 所示。

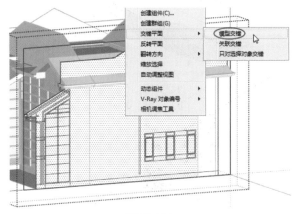

图 13-151

图 13-151（续）

03 使用【推/拉】工具 先拉出 200mm 的墙体，接着拉出 300mm 的排水管道，如图 13-152 所示。

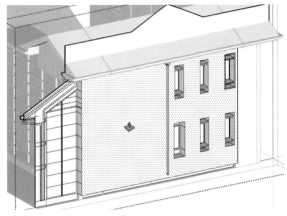

图 13-152

04 最后拉出窗框和玻璃，并将玻璃材质赋予玻璃对象，最终效果如图 13-153 所示。

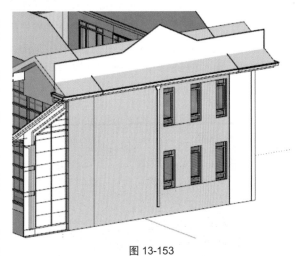

图 13-153

05 最后将 4 个立面图群组中的立面图和多余的面、线等隐藏，仅保留创建的墙体、门窗、阳台及栏杆等元素，如图 13-154 所示。

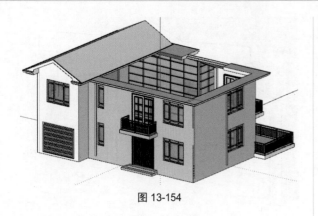

图 13-154

4. 创建屋顶

对屋顶平面单独建模，推拉高度可以参照图纸，也可根据需要自行设置。

01 切换到俯视图，使用【矩形】工具 ▦ 在屋顶平面图群组中绘制封闭面，如图 13-155 所示。

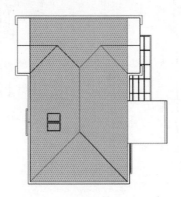

图 13-155

02 选中绘制的封闭面，并打开坯子插件库。在插件列表下找到"1001 建筑工具集"建筑插件，在此插件中单击【自动创建坡度屋顶】按钮 ◈，弹出创建坡屋顶的选项设置页面，输入坡屋顶参数（屋面斜度为 27.75）后单击【创建坡屋顶】按钮，如图 13-156 所示。

图 13-156

03 切换到俯视图，将创建的坡屋顶平移到屋檐的顶点上，如图 13-157 所示。

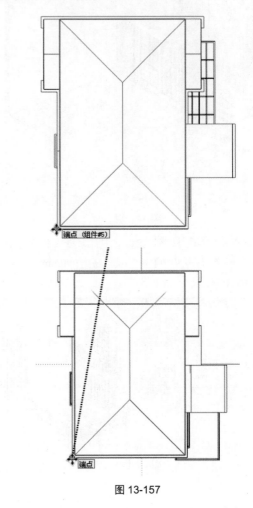

图 13-157

04 由于坡度屋顶与人字形屋顶的斜面有少许误差，可以重新绘制封闭面。将坡度屋顶（自动生成的组件）炸开，如图 13-158 所示。

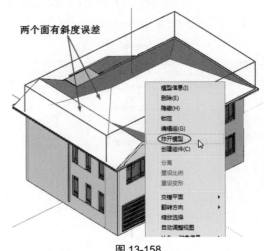

图 13-158

05 炸开后删除有误差的面，如图 13-159 所示。

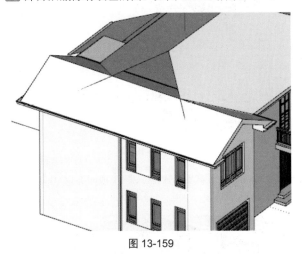

图 13-159

06 使用【直线】工具 ✐ 重新绘制封闭面，如图 13-160
所示。

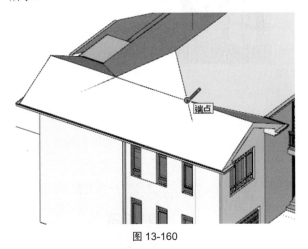

图 13-160

07 隐藏形成的交叉线，如图 13-161 所示。

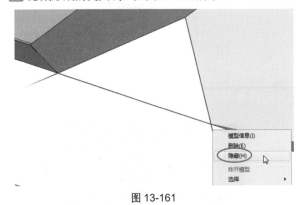

图 13-161

08 坡度屋顶修复的效果如图 13-162 所示。最终完成的
别墅模型如图 13-163 所示。

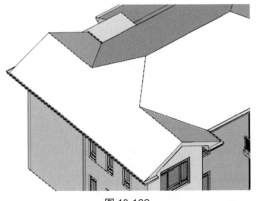

图 13-162

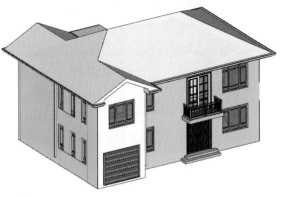

图 13-163

13.2.3　赋予建筑材质

对创建好的别墅模型赋予相应的材质，并为别墅绘
制一个地面，赋予砖铺地材质。

1. 填充建筑物材质

01 在【材质】面板中，首先为坡度屋顶赋予系统材质
库中的【屋顶】|【西班牙式屋顶】材质，如图 13-164 所示。

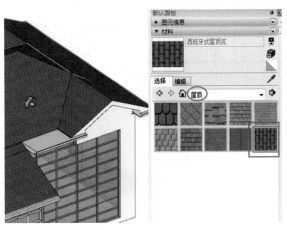

图 13-164

02 为墙面赋予系统材质库中的【瓦片】|【正方形玻璃瓦 03】材质（实为"马赛克"材质），如图 13-165 所示。

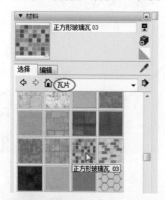

图 13-165

03 为阳台地板、台阶赋予系统材质库中的【石头】|【大理石 Carrera】材质，如图 13-166 所示。

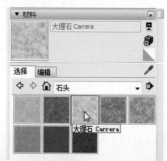

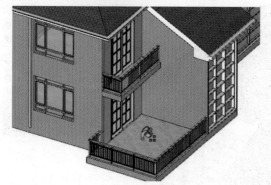

图 13-166

04 为窗户及卷帘门赋予系统材质库中的【金属】|【铝】材质，如图 13-167 所示。

图 13-167

05 为 3 扇阳台门赋予【木质纹】|【饰面木板 01】材质，如图 13-168 所示。

图 13-168

2. 别墅场地设计与赋予材质

01 切换到俯视图，绘制一个大的矩形地面，如图 13-169 所示。

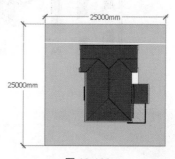

图 13-169

02 使用【矩形】工具 █ 在大门位置绘制路面，如图 13-170 所示。

图 13-170

03 使用【偏移】工具 🖐 将地面向内偏移 300mm，如图 13-171 所示。利用【推/拉】工具 ◆ 将偏移的面拉出一定高度（高度为 1200mm），形成院落围墙，如图 13-172 所示。

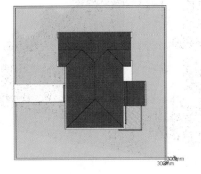

图 13-171

图 13-172

04 在围墙上选取墙边线来创建偏移为 150mm 的墙中心线，如图 13-173 所示。

图 13-173

05 选取墙中心线，并在坯子插件库中【栏杆和楼梯 - 汉化 -1.0】插件列表中单击【栅格栏杆】按钮 🖼，在弹出的【插入】对话框中输入【高度】值为 1000mm，单击【好】按钮自动创建围墙栏杆，如图 13-174 所示。

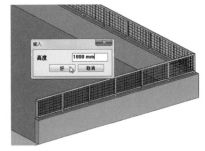

图 13-174

06 为围墙赋予【材质】面板中的【砖、覆层和壁板】|【料石板】材质。为大门的路面赋予【沥青和混凝土】|【新柏油路】材质。为围墙内的场地赋予【园林绿化、地被层和植被】|【草被 1】材质，效果如图 13-175 所示。

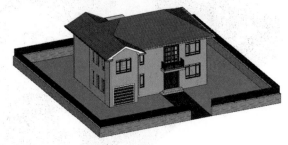

图 13-175

07 在【组件】面板中单击【详细信息】按钮 ➡，然后选择【打开或创建本地集合】命令，选择本例源文件夹中的【组件 1】文件夹，将该文件夹中的所有组件导入【组件】面板中，如图 13-176 所示。

图 13-176

08 选择"门组件"组件，将其放置到围墙中，然后通过平移、旋转及缩放等操作，完成门组件的放置，如图 13-177 所示。

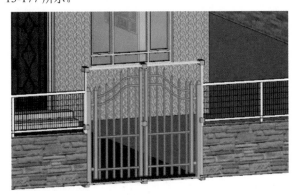

图 13-177

09 陆续将休闲椅、灯柱、秋千、喷水池、人物、植物等组件放置到场地中，最终完成建模的别墅效果如图 13-178 所示。

图 13-178